T0225114

BestMasters

Mit „BestMasters" zeichnet Springer die besten Masterarbeiten aus, die an renommierten Hochschulen in Deutschland, Österreich und der Schweiz entstanden sind. Die mit Höchstnote ausgezeichneten Arbeiten wurden durch Gutachter zur Veröffentlichung empfohlen und behandeln aktuelle Themen aus unterschiedlichen Fachgebieten der Naturwissenschaften, Psychologie, Technik und Wirtschaftswissenschaften.

Die Reihe wendet sich an Praktiker und Wissenschaftler gleichermaßen und soll insbesondere auch Nachwuchswissenschaftlern Orientierung geben.

Friederike Adams

Gruppentransfer-polymerisation von Michael-Monomeren

Untersuchung von C1-symmetrischen Komplexen

Springer Spektrum

Friederike Adams
München, Deutschland

Die vorliegende Arbeit wurde in der Zeit vom 01.01.2015 bis zum 30.06.2015 am WACKER-Lehrstuhl für Makromolekulare Chemie der Fakultät für Chemie an der Technischen Universität München unter der Betreuung von Herrn Prof. Dr. Dr. h. c. Bernhard Rieger angefertigt.

BestMasters
ISBN 978-3-658-13573-7   ISBN 978-3-658-13574-4 (eBook)
DOI 10.1007/978-3-658-13574-4

Die Deutsche Nationalbibliothek verzeichnet diese Publikation in der Deutschen National-bibliografie; detaillierte bibliografische Daten sind im Internet über http://dnb.d-nb.de abrufbar.

Springer Spektrum
© Springer Fachmedien Wiesbaden 2016

Gedruckt auf säurefreiem und chlorfrei gebleichtem Papier

Springer Spektrum ist Teil von Springer Nature
Die eingetragene Gesellschaft ist Springer Fachmedien Wiesbaden GmbH

Danksagung

An erster Stelle gilt mein spezieller Dank Herrn Prof. Dr. Dr. h.c. Bernhard Rieger für die Möglichkeit, meine Masterarbeit an seinem Lehrstuhl anfertigen zu dürfen.

Zusätzlich danke ich ganz besonders Peter Altenbuchner und Alexander Kronast für die exzellente Betreuung meiner Arbeit, die sie immer mit viel Engagement und Spaß betreut haben. Nicht nur durch ihre fachliche Kompetenz und den Ehrgeiz, mit dem sie meine Arbeit vorangetrieben haben, sondern auch durch die Offenheit für alle Fragen und Anliegen tragen beide zu einem großen Teil zum Erfolg meiner Arbeit bei.

Des Weiteren gilt mein Dank Dr. Carsten Troll, Dr. Alexander Pöthig und Ulrike Ammari für die ausgezeichnete Organisation meiner Arbeit und die Durchführung wichtiger Messungen, was mir die Erstellung meiner Arbeit erheblich erleichtert hat. Benedikt Soller, Patrick Werz, Tobias Helbich, Maximilian Knaus und allen weiteren Doktoranden und Masteranden am Lehrstuhl danke ich ebenfalls, da alle jederzeit hilfsbereit waren und für eine positive Atmosphäre gesorgt haben, denn schlechte Laune kommt an diesem Lehrstuhl nie auf.

Außerdem möchte ich mich ganz herzlich bei Qian Sun, Simon Kaiser und Christina Schwarzenböck für die schöne gemeinsame Zeit im Labor bedanken, da sie sowohl in den Pausen als auch nach einem anstrengenden Tag - und auch an Laborwochenenden - immer für gute Stimmung gesorgt haben.

Einen nicht unwesentlichen Anteil am Erfolg meiner Arbeit tragen meine Eltern, da ich ohne die Unterstützung während der Masterarbeit und des gesamten Studiums wohl niemals die Möglichkeit gehabt hätte, in München studieren und mein Studium mit dieser Masterarbeit abschließen zu können. Zuletzt möchte ich all denen danken, die mich in jeglicher Art und Weise unterstützt haben und die trotzdem meine schlechte Laune während dieser Zeit immer ertragen mussten. Ihr seid die Besten!

Friederike Adams

Danksagung

Abstract

The rare earth metal-mediated group-transfer-polymerization with 2-aminoalkoxy-bis(phenolate)yttrium trimethylsilylmethyl complexes is one of the first examples of REM-GTP with non-metallocene systems. These catalysts showed moderate to high activities in group transfer polymerizations of polar monomers, but without inducing tacticity. Similar complexes with steric alterations were synthesized to evaluate the possibility of stereospecific polymerization of 2-vinylpyridine, diethylvinylphosphonate and N,N-dimethylacrylamide. Also the change of the metal center from yttrium to lutetium was investigated with regard to the influence of the metal radius on the activity and initiator efficiency. Mechanistic studies in the polymerization of 2-vinylpyridine revealed that all tested catalyst systems follow a living type group-transfer-polymerization allowing precise molecular-weight control with very narrow molecular-weight distributions. The asymmetric catalyst $[(ONOO)^{tBu,tBu,CPh_3}$ $Y(CH_2TMS)(THF)]$ is able to produce isotactic-enriched P2VP with narrow molecular-weight distributions at ambient conditions. NMR-statistical investigations pointed out an enantiomorphic site control-propagation mechanism for the stereospecific polymerization of 2-vinylpyridine. $C(sp^3)$-H bond activation with 2,4,6-collidine and 2,3,5,6-tetramethylpyrazine is utilized with symmetric and asymmetric catalysts to enhance activity and initiator efficiencies.

Inhaltsverzeichnis

Schemenverzeichnis

Abbildungsverzeichnis

Tabellenverzeichnis

Abkürzungsverzeichnis

Äq.	Äquivalente
BBL	β-Butyrolacton
Coll	Collidin
Cp	Cyclopentadienyl
d	Tage
DAVP	Dialkylvinylphosphonat
DC	Dünnschichtchromatographie
DEVP	Diethylvinylphosphonat
DFT	Dichtefunktionaltheorie
DMAA	N,N-Dimethylacrylamid
DSC	dynamische Differenzkalorimetrie (engl.: differential scanning calorimetry)
ESI	Elektronenspray Ionisation
et al.	und andere (lat.: et alii)
FLP	Frustrierte Lewis-Paare
GPC	Gelpermeationschromatographie
GTP	Gruppentransferpolymerisation

h	Stunde(n)
IPOx	2-*iso*-Propylen-2-oxazolin
M_n	Zahlenmittel der Molmasse
M_w	Gewichtsmittel der Molmasse
MALS	Multiwinkel-Lichtstreuung (engl.: multi angle light scattering)
Min	Minute(n)
MS	Massenspektrometrie
*N*HC	*N*-Heterocyclisches-Carben
NMR	Kernspinresonanzspektroskopie
MMA	Methylmethacrylat
PDI	Polydispersitätsindex (Đ)
P2VP	Poly(2-vinylpyridin)
PDEVP	Poly(diethylvinylphosphonat)
PDMAA	Poly(*N*,*N*-dimethylacrylamid)
PIPOx	Poly(2-*iso*-propylen-2-oxazolin)
PMMA	Poly(methylmethacrylat)
ppm	parts per million
rac	racemisch
RT	Raumtemperatur

ROP	Ringöffnungspolymerisation
TGA	thermogravimetrische Analyse
THF	Tetrahydrofuran
TMPy	Tetramethylpyrazin
TMS	Trimethylsilyl
TOF	Umsatzrate (engl.: turn over frequency)
2VP	2-Vinylpyridin

1 Einleitung

Die Herausforderungen in der Polymerforschung bestehen in den nächsten Jahrzehnten maßgeblich in der Entwicklung definierter Strukturen und deren Einsatz in neuartigen Systemen, um den steigenden Anforderungen der Materialwissenschaften gerecht zu werden.[1] Für die Herstellung dieser Polymere ist es unumgänglich, die mechanischen und thermischen Eigenschaften gezielt beeinflussen zu können. Die Verfügbarkeit von Katalysatoren zur präzisen Synthese von Polymeren mit variabler Taktizität, kontrollierbaren Molekulargewichten und engen Molmassenverteilungen ist die Grundvoraussetzung, um Hochleistungspolymere für verschiedenste Anwendungen zu etablieren. Die Erweiterung des zugänglichen Monomer-Pools spielt dabei ebenso eine große Rolle. Über die Seltenerdmetall-katalysierte Gruppentransferpolymerisation (REM-GTP) können solche Kunststoffe effizient synthetisiert werden. Diese Polymerisationsart hat seit ihrer Entdeckung wegen der möglichen Verwendung von phosphor- und stickstoffhaltigen Monomeren, durch die Einführung von funktionellen Gruppen, große Fortschritte gemacht. Der lebende Charakter der GTP erlaubt außerdem die Synthese von Blockcopolymeren und führt damit zu vielfältigen Kombinationsmöglichkeiten durch Verwendung von Monomeren verschiedenster Art.[2] Schon *DuPont* hat in den 70er Jahren AB-Blockcopolymere aus Methylmethacrylat über Gruppentransferpolymerisation hergestellt, die als Dispergiermittel für Farben eingesetzt wurden.[3]

Auch in der Medizintechnik werden Polymere, wie Poly(methylmathacrylat)e oder Poly(amid)e, als künstliche Zähne, Knochenzement, Kontaktlinsen oder selbstauflösendes Nahtmaterial verwendet.[4-5] Über Präzisionspolymere ist es außerdem möglich, Medikamente direkt zur Wirkstofffreisetzung in geschädigte Zellen zu transportieren.[4] Homopolymere aus 2-Vinylpyridin werden bis heute aufgrund weniger Möglichkeiten der kontrollierten Polymerisation und der Steuerung der Taktizität nur wenig verwendet, so können Blockcopolymere für diese Anwendung in der Medizintechnik genutzt werden.[6] Durch den amphiphilen Charakter von Blockcopolymeren aus Poly(2-vinylpyridin) und Poly(styrol) oder Poly(ethylenoxid) bilden sich Micellen, deren Struktur über den pH-Wert gesteuert werden kann.[7-9]

Diese pH-Abhängigkeit von Stickstoff-Heterozyklen in Poly(2-vinylpyridin) kann dann für die Wirkstofffreisetzung in der Medizintechnik genutzt werden. Hydrophobe Medikamente können über den Einschluss dieser Substanzen in die Micellen in hydrophile Medien gebracht und die Freisetzung dort über den pH-Wert reguliert werden.

2 Theoretischer Teil

2.1 Gruppentransferpolymerisation

2.1.1 Biscyclopentadienyl-artige Komplexe

Untersuchungen zur Übergangsmetall-katalysierten Polymerisation von Methylmethacrylat wurden erstmals im Jahr 1992 von zwei unabhängigen Arbeitsgruppen durchgeführt, nachdem mit Komplexen dieser Art zwischen 1985 und 1988 die Samarium-vermittelte C-H- und CO-Aktivierung erforscht wurde.[10-11] *Collins* und *Ward* untersuchten die Polymerisation von MMA in Anwesenheit eines kationischen und eines neutralen Zirkonocens als Zweikomponenten-System ($[Cp_2ZrMe(THF)][BPh_4]$) und (Cp_2ZrMe_2).[12-13] Es konnte gezeigt werden, dass die Polymerisation über eine Kettenendkontrolle verläuft und geringe Polydispersitäten (Đ = 1.2 - 1.4) des erhaltenen syndiotaktischen Poly(methylmethacrylat) aufweist.[12] *Yasuda et al.* synthetisierten ebenfalls hochmolekulares, syndiotaktisches Poly(methylmethacrylat) mit sehr niedrigen Polydispersitäten (Đ < 1.05) über eine lebende Gruppentransferpolymerisation mit Organolanthanoid(III)-Komplexen wie $[(Cp^*)_2SmH]_2$ (**1**) (siehe Schema 1).[14] *Iso*-Butylmagnesium und 4-Vinylmagnesium, die bis dahin zur Polymerisation von Methylmethacrylat eingesetzt wurden, sind zwar auch in der Lage, syndiotaktisches Polymer zu produzieren, jedoch nur bei sehr niedrigen Temperaturen, in geringen Ausbeuten und kleinen Molmassen.[15]

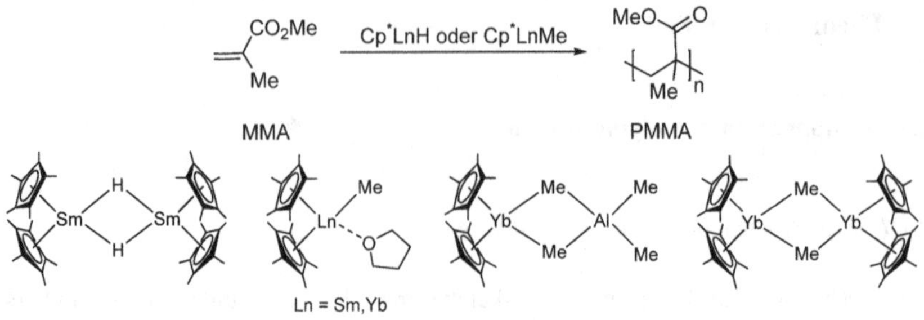

Schema 1: Organolanthanoid-induzierte Polymerisation von Methylmethacrylat nach *Yasuda et al.* mit den Katalysatoren **1-4**.[10, 15]

Durch die Isolation und kristallographische Analyse eines 2:1 Adduktes aus MMA und Katalysator **1** konnte gezeigt werden, dass eines der beiden MMA-Moleküle als Enolat und das andere Molekül in Keto-Form vorliegt. Dieses ist über die Carbonyl-Gruppe an das Metallzentrum koordiniert. Ein monometallischer, 8-gliedriger, zyklischer Übergangszustand **5** entsteht nach *Yasuda et al.* dabei im Propagationsschritt (siehe Abbildung 1). Die Initiation findet bei dieser koordinierten anionischen Polymerisation durch einen Angriff des Hydrids des Katalysators auf die CH_2-Gruppe eines MMA-Moleküls statt und die anschließende 1,4-Addition (*Michael*-Addition) mit einem zweiten Methylmethacrylat-Molekül führt dann zu diesem Übergangszustand.[14-15] Durch Addition eines weiteres Monomer-Moleküls wird die Estergruppe verdrängt und es bildet sich erneut ein 8-gliedriger Übergangszustand.[15] Aufgrund der Ähnlichkeit zur Silyl-Keten-Acetal-initiierten GTP wurde dieser anionisch-koordinative Mechanismus „Seltenerdmetall-mediierte Gruppentransferpolymerisation" genannt.[16]

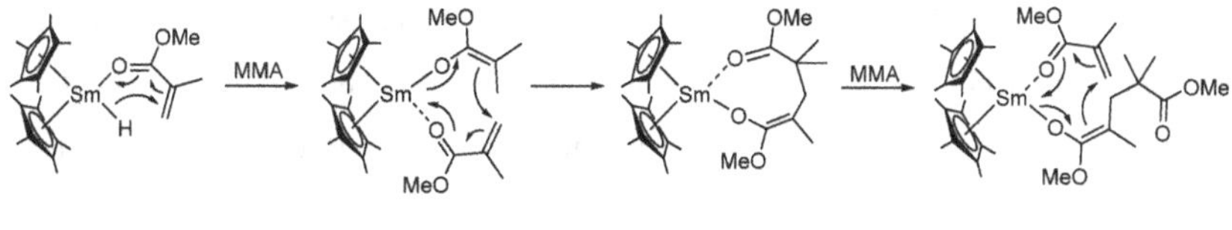

Initiation   Propagation   **5**

Abbildung 1: Angenommener Mechanismus und 8-gliedriger zyklischer Übergangszustand der Polymerisation von MMA mit Lanthanoid-Komplexen.[10, 15]

Aufgrund von energetisch hochliegenden d-Orbitalen der Metall-Kohlenstoff-Bindungen und Elektronegativitäten und Reaktivitäten ähnlich derer von, für die anionische Polymerisation verwendeten, Erdalkalimetallen, eignen sich Seltenerdmetalle sowohl für eine anionische als auch für eine koordinative Polymerisation.[17-18] Diese Metalle treten zumeist in der Oxidationsstufe +3 (d^0) auf und zeigen daher aufgrund ihrer leeren d-Orbitale zu den Erdalkalimetallen ähnliche Reaktivitäten. Auch die 4f-Elektronen der Lanthanoide beeinflussen diese Reaktivität nicht. Daher zeigen sie nur wenig Analogien zu den eigentlichen Übergangsmetallen.[18-19]

In der Entwicklung aktiverer Systeme lag der Fokus vor allem auf der Variation der substituierten und unsubstituierten Cyclopentadienyl-Liganden in Metallocen oder Halb-Metallocen-Systemen, um z.B. durch Einführung eines Chiralitäts-Zentrums die Stereoselektivität zu beeinflussen.[20]

In Bezug auf die verwendeten *Michael*-Monomere wurde fast ausschließlich Methylmethacrylat untersucht. Monomere wie Dialkylvinylphosphonate konnten nicht über diese Systeme polymerisiert werden und wurden stattdessen radikalisch polymerisiert. Dieses resultierte jedoch nur in der Herstellung von Oligomeren mit geringen Molmassen und ohne quantitativen Umsatz. Außerdem kommt es zur Bildung von Nebenprodukten durch intramolekularen Wasserstoff-Transfer von der Alkylseitenkette auf das Polymerrückgrat. Durch diesen Transfer entstehen Radikale in den Seitenketten, an welche neue Monomere addieren. Diese P-O-C-Bindungen sind instabiler und werden leichter gespalten, wodurch nur niedermolekulares Polymer entsteht.[21]

Auch die anionische Polymerisation von Vinylphosphonaten ist möglich, wie *Gopal-krishnan et al.* 1988 bewiesen. Anwendung fand diese Methode schließlich im Jahr 2008, als *Parvole* und *Jannasch* DEVP anionisch mit *n*-Butyllithium und 1,1-Diphenylethylen als Coinitiator auf Polysulfone polymerisierten. Der Coinitiator verringert dabei die Nukleophilie des Initiators, um einen nukleophilen Angriff am Phosphoratom mit anschließender Substitution zu verhindern. Auch die Deprotonierung des aciden Protons in α-Position zum Phosphor wird durch die Verringerung der Nukleophilie vermieden. Trotzdem erhielt man durch anionische Polymerisation von Vinylphosphonaten nur Polymere mit breiter Molmassenverteilung und einer maximalen Molmasse von 100 kg/mol.[21]

Rieger et al. untersuchten diese Dialkylvinylphosphonate (DAVP) in der Seltenerdmetallocen-katalysierten Polymerisation, da sie aufgrund ihrer strukturellen und elektronischen Ähnlichkeit zu MMA (siehe Abbildung 2) ebenfalls mit Metallocenen der Form Cp$_2$LnX (X = Cp, Me, CH$_2$TMS; Ln = Gd-Lu) polymerisiert werden können (siehe Schema 2).[21-23] Die Gruppentransferpolymerisation von Vinylphosphonaten zeigt, im Gegensatz zur radikalischen oder anionischen Polymerisation, einen lebenden Charakter, welches in einer geringen Polydispersität und hohen Molmassen resultiert.[21, 24]

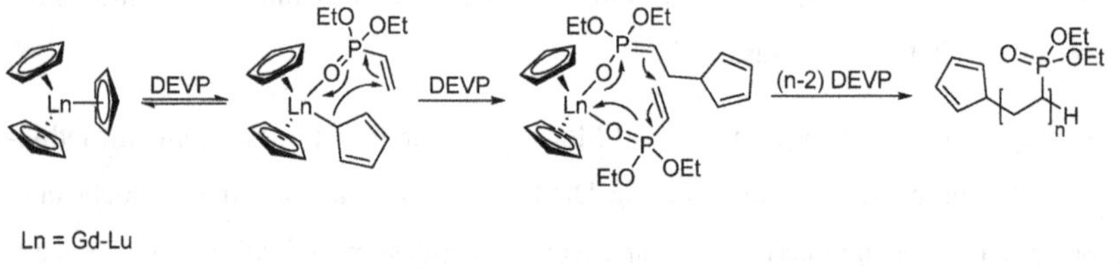

Ln = Gd-Lu

Schema 2: Polymerisation von Diethylvinylphosphonat (DEVP) mit Triscyclopentadienyl-Lanthanoiden nach *Rieger et al.* [23, 25]

Ebenfalls wurde die Gruppentransferpolymerisation mit diesen Metallocen-Katalysatoren für weitere *Michael*-Monomere wie 2-*Iso*-Propenyl-2-oxazolin (IPOx), *N,N*-Dimethylacrylamid (DMAA) und 2-Vinylpyridin (2VP) (siehe Abbildung 2) getestet.[2, 16] Auch hier zeigten alle Polymerisationen einen lebenden Charakter (geringe Polydispersität; exakte Kontrolle der Molmassen).[16]

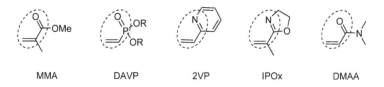

MMA   DAVP   2VP   IPOx   DMAA

Abbildung 2: MMA und neuartige Monomere für die GTP.[16]

2.1.2 Nicht-Metallocen Katalysatoren

Verschiedene Forschungsgruppen versuchen, die höhere Toleranz von Organokatalysatoren gegenüber Sauerstoff und Feuchtigkeit für die Gruppentransferpolymerisation von polaren Monomeren auszunutzen.[26] Neu entwickelte *N*-Heterocyclische-Carbene (*N*HC) wurden 2003 von *Taton, Gnanou* und *Waymouth et al.* beschrieben, die in der Lage sind, als *Lewis*-Basen MMA und *tert*-Butylacrylat zu polymerisieren. Auch Organokatalysatoren aus *Lewis*-Säuren, wie z.B. Tris(pentafluorophenyl)boran, wurden entwickelt, um polare Monomere zu polymerisieren.[26] Vor allem die Polymerisation über Frustrierte *Lewis*-Paare (FLP), bei denen eine *Lewis*-Säure und eine *Lewis*-Base aufgrund von sterischer Hinderung kein *Lewis*-Addukt bilden können und dadurch die Reaktivität unverändert vorliegt, werden von *Chen et al.* für Polymerisationen von polaren Monomeren wie MMA, DMAA und DEVP untersucht (siehe Abbildung 3).[27-28]

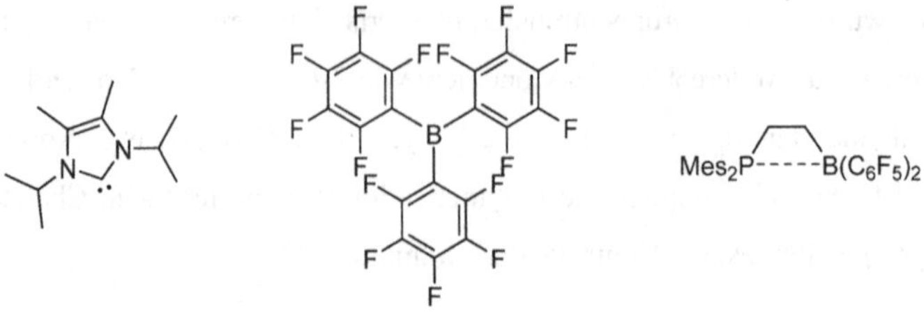

Lewis-Base-   Lewis-Säure-   FLP-katalysierte GTP

Abbildung 3: Organokatalytische Gruppentransferpolymerisation. (Links) Beispiel eines *N*HCs für die *Lewis*-Basen-katalysierte GTP. (Mitte) B(C$_6$F$_5$)$_3$ als *Lewis*-Säure für die GTP.[26] (Rechts) Beispiel eines FLPs als Organokatalysator.[28-29]

Untersuchungen in der metallorganischen Chemie beschäftigen sich außerdem mit der Entwicklung neuer mono- und polydentater Liganden in der Seltenerdmetall-mediierten Gruppentransferpolymerisation, die über das bisher untersuchte Cyclopen-tadienyl-System hinaus gehen.[20] Betrachtet werden dabei unter anderem Yttrium-und Scandium-Komplexe mit Diketiminato-, Salen- oder Guanidinato-Liganden.[30]

Bei Studien zur Polymerisation von polaren Monomeren mit Yttriumkomplexen de-monstrierten *Mashima et al.* im Jahr 2011, dass eine Polymerisation von 2-Vinylpyridin (2VP) auch mit einem En-diamido-Yttrium-Katalysator **6** möglich ist (siehe Abbildung 4). Die Polymerisation startet dabei über die Insertion des Monomers in die Y-C-Bindung des CH$_2$TMS-Initiators.[31]

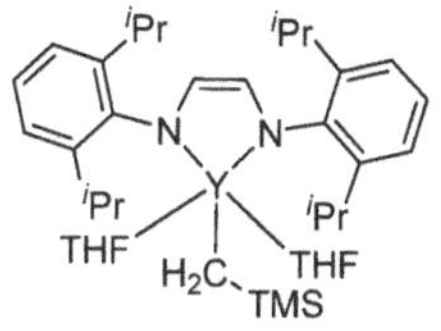

6

Abbildung 4: En-diamido-Yttrium-Komplex **6** für die Polymerisierung von 2VP nach *Mashima et al.*[31]

Carpentier et al. untersuchten im Jahr 2003 die Aktivität von Bis(phenoxid)-Yttrium-Komplexen mit zwei unterschiedlichen Initiatoren gegenüber der Polymerisation von MMA.[30] Hergestellt wurden diese Komplexe über die Reaktion eines Yttriumprecursors ([Y(I)$_3$(THF)$_2$]; I = CH$_2$TMS, N(HSiMe$_2$)$_2$) mit einem Äquivalent des protonierten Liganden (H$_2$L; L = (ONOO)^{tBu}) bei 0 °C. Sowohl der Yttrium-Komplex **7** mit CH$_2$TMS als Initiator als auch der analoge Komplex mit BDSA-Initiator (**8**) (BDSA = N(HSiMe$_2$)$_2$) konnten erhalten werden (siehe Schema 3). Kristallographische Analysen zeigten, dass bei beiden Komplexen ein THF-Molekül als koordinierender Ligand fungiert, wodurch das Yttrium-Atom sechsfach-koordiniert ist und der Komplex einen verzerrten Oktaeder bildet.[30]

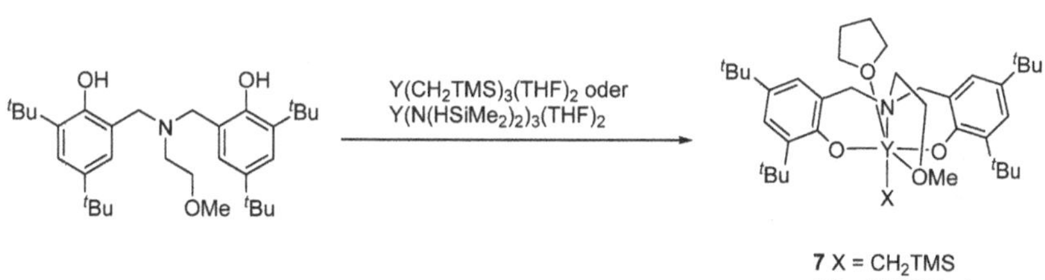

7 X = CH$_2$TMS
8 X = N(HSiMe$_2$)$_2$

Schema 3: Neue Yttrium-Komplexe **7** und **8** für Polymerisationsstudien mit MMA.[30]

Untersuchungen zur Polymerisation mit diesen beiden Komplexen ergaben, dass der CH$_2$TMS-Komplex **7** sowohl gegenüber dem unpolaren Monomer Ethen als auch bei

MMA, als polares Monomer, nicht aktiv ist. Im Gegensatz dazu wurde beim BDSA-Komplex **8** isotaktisch-angereichertes PMMA erhalten.[30]

Rieger et al. setzten ähnliche 2-Aminoalkoxybis(phenolat)-Yttrium-Katalysatoren der Form $(ONOO)^R Y(CH_2 TMS)(THF)$ (**7**: R = *tert*-Butyl, **9**: R = Me$_2$Ph; siehe Schema 4) zunächst erfolgreich in der Ringöffnungspolymerisation von *rac*-β-Butyrolacton ein. Diese Komplexe polymerisierten zusätzlich 2-Vinylpyridin, Diethylvinylphosphonat, 2-*Iso*propenyl-2-oxazolin und *N,N*-Dimethylacrylamid unter milden Bedingungen mit moderaten bis hohen Aktivitäten über Gruppentransferpolymerisation.[6] In kinetische Studien der Polymerisation der selben Monomere mit Komplex **8** (BDSA-Initiator) wurde kein Polymer erhalten, der Amido-Initiator besitzt daher für diese Monomere keine katalytische Aktivität.[6] Die Katalysatorstrukturen **7** und **9** wurden über die Reaktion eines Yttriumprecursors mit dem protonierten Liganden hergestellt (siehe Schema 3) und unterscheiden sich nur in der *ortho*-Substitution in der Phenolat-Gruppe des Liganden.[6, 30]

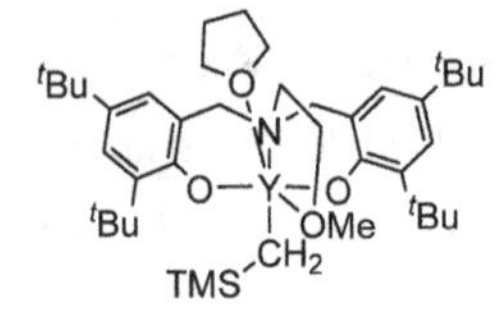

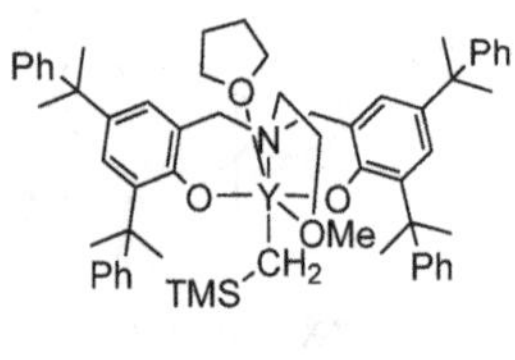

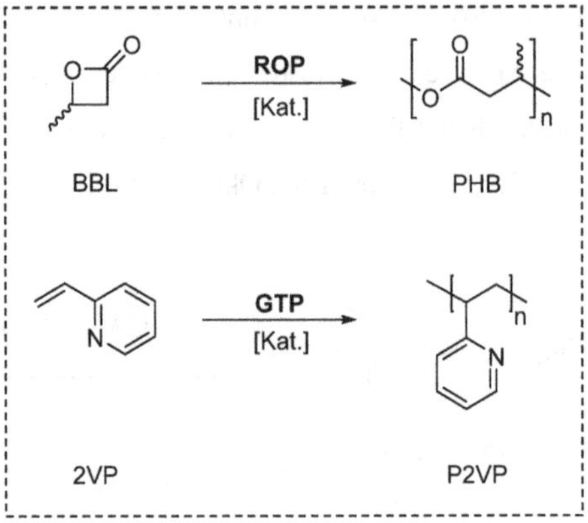

Schema 4: 2-Aminoalkoxybis(phenolat)-Yttrium-Komplexe $(ONOO)^R Y(CH_2 TMS)(THF)$ **7** und **9** für die ROP von BBL und für die GTP von polaren Monomeren nach *Rieger et al*; hier beispielhaft an 2-Vinylpyridin.[6]

Die Aktivitäten der wenigen bisher für die Polymerisation von 2-Vinylpyridin untersuchten Metallocen-Katalysatoren waren gering. Im Vergleich zeigen die Komplexe **7**
und **9** in der Polymerisation höhere Aktivitäten (TOF = 1100 h^{-1} für **7**) mit geringen
Polydispersitäten (Đ = 1.01 – 1.07) bei einem linearen Wachstum der Molmasse mit
dem Umsatz. Der Katalysator **7** besitzt damit die höchste literaturbekannte Aktivität
für die Polymerisation von 2VP.

Mechanistische Aufklärungen über ESI-MS-Studien mit oligomerem 2-Vinylpyridin
verdeutlichten, dass die Reaktion durch die Initiation mit CH$_2$TMS in einem 6-
Elektronen Prozess gestartet wird. Über *in situ* ATR-IR-Messungen konnte eine Reaktion erster Ordnung bezüglich der Katalysator- und Monomerkonzentration bestimmt
werden, wodurch ein monometallischer *Yasuda*-typischen Mechanismus der Gruppentransferpolymerisation analog derer mit Metallocen-Komplexen angenommen wird
(siehe Schema 5).[6]

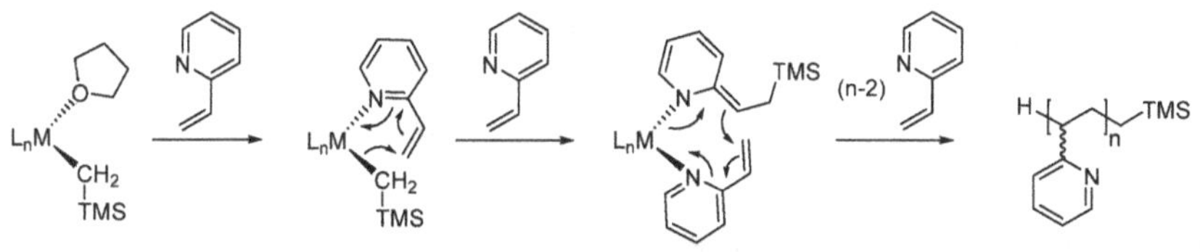

Schema 5: Angenommener Mechanismus der GTP von 2VP mit 2-Aminoalkoxybis(phenolat)-
Yttrium-Komplexen.[6]

Bei der Polymerisation von 2-Vinylpyridin konnte mit Cp-Systemen nur ataktisches
P2VP erhalten werden. Studien zum Einfluss des sterischen Anspruchs des Ligandensystems auf die Aktivität der Polymerisation und auf die Taktizität des resultierenden
Polymers, hergestellt durch die Komplexe **7** und **9**, wurden durchgeführt, weil sich die
Substituenten in *ortho*-Position des Phenols zwischen den beiden Komplexen unterscheiden. Komplex **9**, bei dem der Ligand ein höherer sterischer Anspruch besitzt,
zeigte eine geringere Aktivität im Vergleich zu Komplex **7**, da der 8-gliederige zykli-

sche Übergangszustand der Propagation aufgrund des höheren sterischen Anspruchs der Cumyl-Gruppe nur erschwert gebildet werden kann. Sowohl mit Katalysator 7 als auch mit Komplex 9 wurde ataktisches Poly(2-vinylpyridin) isoliert.[6]

Durch den lebenden Charakter der Polymerisation ist es zusätzlich möglich, Blockcopolymere aus 2VP mit anderen Monomeren herzustellen. 2-Vinylpyridin kann aufgrund der geringsten Koordinationsstärke zum Metallzentrum nur als erster Block polymerisiert werden.[2, 6] Blockcopolymere mit allen anderen untersuchten *Michael*-Monomeren (DEVP, DMAA, IPOx) als zweiter Block waren durch sequentielle Zugabe möglich (siehe Abbildung 5).[6]

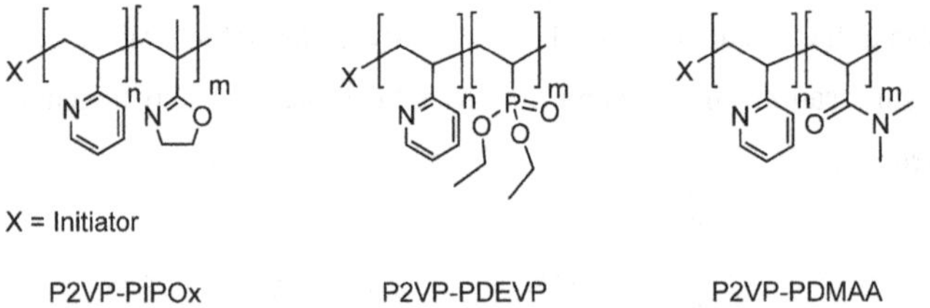

X = Initiator

P2VP-PIPOx   P2VP-PDEVP   P2VP-PDMAA

Abbildung 5: Blockcopolymere aus 2VP (1. Block) und IPOx, DEVP und DMAA (2. Block).[6]

2.2   Radikalische und anionische Polymerisation von 2-Vinylpyridin

2-Vinylpyridin wurde bis 1960 ausschließlich radikalisch polymerisiert, wodurch man ataktisches Polymer erhielt. *Natta et al.* entwickelten ab 1960 eine Methode, um 2VP auch anionisch polymerisieren zu können und in der metallorganische Verbindungen, wie Magnesium-, Beryllium oder Aluminiumamide verwendet wurden. Die Polymerisation wird dabei über die Insertion des Monomers in eine polarisierte Metall-Kohlenstoff- oder Metall-Stickstoff-Bindung initiiert.[32-33] Bei der Reaktion von 2VP mit Magnesiumamiden der allgemeinen Form X-Mg-NR$_1$R$_2$ (R$_1$,R$_2$ = Alkylgruppen) wurde bei 45 °C Reaktionstemperatur in kurzer Zeit unter vollständigem Umsatz kristallines, isotaktisches Poly(2-vinypyridin) erhalten. Diese hohe Taktizität wird aufgrund einer favorisierten Anordnung zweier Monomereinheiten im Polymer durch Koordination über das Magnesium in Gauche-Stellung zueinander erhalten.[34] Polymerisationen mit lithium- oder natrium-haltigen organischen Verbindungen führen bei -78 °C aufgrund einer geringeren Koordinationsfähigkeit des 2-Vinylpyridins an Metalle der Gruppe 1 lediglich zu isotaktischen Oligomeren, aber ataktischem, amorphen P2VP. Untersuchungen zur Abhängigkeit der Molmasse mit dem Umsatz zeigten, dass es sich nicht um eine lebende Polymerisation handelt.[32] *Soum* und *Fotanille* untersuchten deswegen ab 1980 die lebende anionische Polymerisation von 2-Vinylpyridin mit Organomagnesium-Verbindungen in unpolaren Lösungsmitteln, um eine stereospezifische Polymerisation erzielen zu können. Um eine Nebenreaktion durch Angriff des Nukleophils am Pyridin-Ring zu vermeiden, verwendeten sie metallorganische Verbindung, die in ihrer Reaktivität vermindert sind. Dabei verwendeten sie Benzylpicolylmagnesium, um durch unsymmetrische aktive Zentren eine Taktizität, über die Koordination des Magnesiumatoms mit den Stickstoffatomen der letzten beiden Monomereinheiten in der Polymerkette, zu induzieren. Es konnten Isotaktizitäten bis zu 93% über eine *Markov*-Kettenendkontrolle erreicht werden.[35-36]

2.3   C-H-Bindungsaktivierung über σ-Bindungsmetathese

Mechanistische Studien an Seltenerd-Metallocenen mit Amid- und Alkyl-Initiatoren zeigen, dass Polymerisationen mit diesen Initiatoren durch mögliche Nebenreaktionen verlangsamt sind. Neue und effizientere Initiatoren können über C-H-Bindungsaktivierungen durch σ-Bindungsmetathese eingeführt werden. Dieses ist in der Metallorganik eine der effektivsten Methoden für die Spaltung von C-H-Bindungen, die mit einer Bindungsenergie zwischen 90 und 100 kJ/mol und einer geringen Acidität sowie Basizität als eine der Unreaktivsten gelten und schwer zu spalten sind. Die Untersuchungen zur C-H-Aktivierung mit Übergangsmetallen gehen schon auf das Jahr 1898 zurück, wobei erst in den letzten 30 Jahren viele Katalysatoren entwickelt wurden, die C-H-Bindungen selektiv und unter milden Bedingungen aktivieren können. Dieses Forschungsgebiet zählt jedoch bis heute zur Grundlagenforschung, praktische Anwendungen findet diese Art der Übergangsmetallkatalyse nur selten.[37-40]

Unter σ-Bindungsmetathese versteht man dabei eine intramolekulare C-H-Aktivierung mit dreiwertigen Lanthanoiden und d^0-Übergangsmetallen, bei denen eine oxidative Addition aufgrund fehlender Elektronen nicht möglich ist und somit ohne Änderung der Oxidationsstufe abläuft.[18-19] Aktiviert werden können dabei H-H-, C-H- und C-C-Bindungen durch Hydrogenolyse (a) oder Alkanolyse (b und c) von Metall-Kohlenstoffbindungen.[41] Die konzertierte Reaktion verläuft über einen viergliedrigen Übergangszustand ohne Bildung eines Intermediates in einer [2σ + 2σ]-Cycloaddition einer Metall-Ligand-Bindung mit einer Bindung des jeweiligen Substrates. Mechanistische Studien zeigten eine Reaktion erster Ordnung sowohl bezüglich der Komplexkonzentration als auch für die des aktivierten Moleküls, weshalb ein assoziativer Mechanismus vermutet wird.[18, 39, 42]

Für d^0-Übergangsmetalle ist die Tendenz zur Bildung des Übergangszustandes abhängig von elektronischen und sterischen Effekten. Die Neigung zur Hydrogenolyse (a) ist höher als zur Alkanolyse über C-H-Aktivierung (b). C-H-Bindungen mit höherem s-Orbital-Charakter (sp) reagieren dabei schneller als C-H-Bindungen mit höherem p-Orbital Charakter (sp > sp² > sp³). Die C-C-Bindungsaktivierung (c) ist für diese Metalle nicht begünstigt.[39, 41]

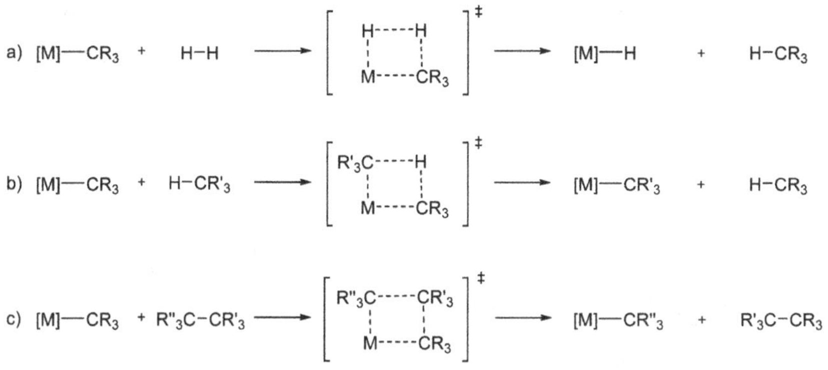

a) $[M]\!-\!CR_3$ + H–H $\longrightarrow$ $\begin{bmatrix} H\cdots\cdots H \\ \vdots \qquad \vdots \\ M\cdots\cdots CR_3 \end{bmatrix}^{\ddagger}$ $\longrightarrow$ $[M]\!-\!H$ + $H\!-\!CR_3$

b) $[M]\!-\!CR_3$ + $H\!-\!CR'_3$ $\longrightarrow$ $\begin{bmatrix} R'_3C\cdots\cdots H \\ \vdots \qquad \vdots \\ M\cdots\cdots CR_3 \end{bmatrix}^{\ddagger}$ $\longrightarrow$ $[M]\!-\!CR'_3$ + $H\!-\!CR_3$

c) $[M]\!-\!CR_3$ + $R''_3C\!-\!CR'_3$ $\longrightarrow$ $\begin{bmatrix} R''_3C\cdots\cdots CR'_3 \\ \vdots \qquad \vdots \\ M\cdots\cdots CR_3 \end{bmatrix}^{\ddagger}$ $\longrightarrow$ $[M]\!-\!CR''_3$ + $R'_3C\!-\!CR_3$

Schema 6: H-H- (a), C-H (b) und C-C (c)-Aktivierungen durch d^0-Übergangsmetallkomplexe über σ-Bindungsmetathese.[41]

Nachgewiesen wurde diese C-H-Aktivierung erstmals durch *Watson* im Jahr 1983 an isotopenmarkiertem Methan (siehe Schema 7) als auch durch Aktivierung von Benzol, Pyridin und Phosphoryliden mit Cyclopentadienyl-Lanthanoid-Methyl-Komplexen. Dieses war das erste Beispiel für die Aktivierung der für die σ-Bindungsmetathese unfavorisierten sp^3-hybridisierten C-H-Bindung in Methan mit einem homogenen Katalysator.[18, 43-44]

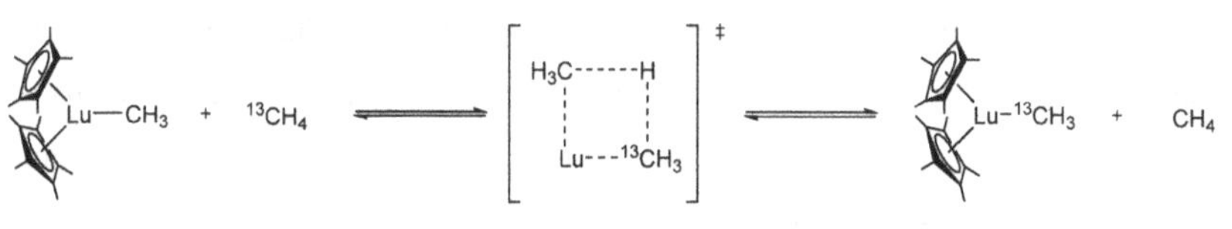

$\text{Lu}\!-\!CH_3$ + $^{13}CH_4$ $\rightleftharpoons$ $\begin{bmatrix} H_3C\cdots\cdots H \\ \vdots \qquad \vdots \\ Lu\text{-}\text{-}\text{-}^{13}CH_3 \end{bmatrix}^{\ddagger}$ $\rightleftharpoons$ $\text{Lu}\!-\!^{13}CH_3$ + CH_4

Schema 7: Intermolekulare C-H-Aktivierung von Methan, über Isotopenmarkierung nachgewiesen.[18]

Teuben et al. untersuchten ab 1993 zunächst die Reaktivität von Yttrium-Katalysatoren (**10**) gegenüber der C-H-Bindungsaktivierung von Ethin. Die neu gebildete Y-μ-C-Bindung im Acetylid-Komplex **11** ist dabei im Gegensatz zu den vorher betrachteten Systemen über zwei chelatisierende *N,N'*-Bis(trimethylsilyl)benzamidato-

Liganden und nicht über Cyclopentadienyl-Systeme stabilisiert. Es bildet sich bei der Reaktion ein Dimer **11** mit verbrückten Ethin-Molekülen, wie es in Schema 8 dargestellt ist.[45]

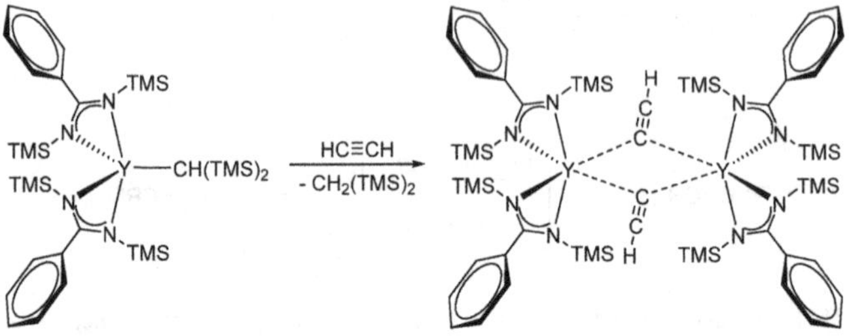

10   **11**

Schema 8: Synthese des dimeren Bis(N,N'-bis-(trimethylsilyl)benzamidinato)yttrium-Ethinyl-Komplexes (**11**) über σ-Bindungsmetathese.[45-46]

Um diese Katalysatoren auch für die Aktivierung anderer Verbindungen und zur Bildung neuer Metall-Kohlenstoff-Bindungen zu testen, forschte die Arbeitsgrupe an der C-H-Bindungsaktivierung von heteroaromatischen Substanzen wie Pyridin- oder α-Picolyl-Derivaten. Der Bis(N,O-bis(*tert*-butyl)alkoxy(dimethylsilyl)amido)yttrium-Komplex **12** reagiert mit Pyridin, Methylpyridin und Ethylpyridin *via* σ-Bindungsmetathese zu den jeweiligen Bis(alkoxysilylamido)yttrium-pyridyl- und picolyl-Komplexen (siehe Schema 9). Die Reaktion musste dabei bei erhöhten Temperaturen durchgeführt werden und führte aufgrund von Zersetzungsreaktionen des Eduktes bei diesen Temperaturen nur zu geringen Ausbeuten. Bei der Reaktion mit 2-Picolin (zu Komplex **14**) und mit Ethyl-Pyridin (zu Komplex **15**) findet ausschließlich eine C-H-Bindungsaktivierung der sp³-hybridierten Alkylgruppe und nicht des aromatischen Ringes statt. Kristallographische Analysen des Komplexes **14** verdeutlichen, dass der Pyridyl-Ligand über eine η³-(C,C,N)-Aza-Allylische-Bindung koordiniert.[47]

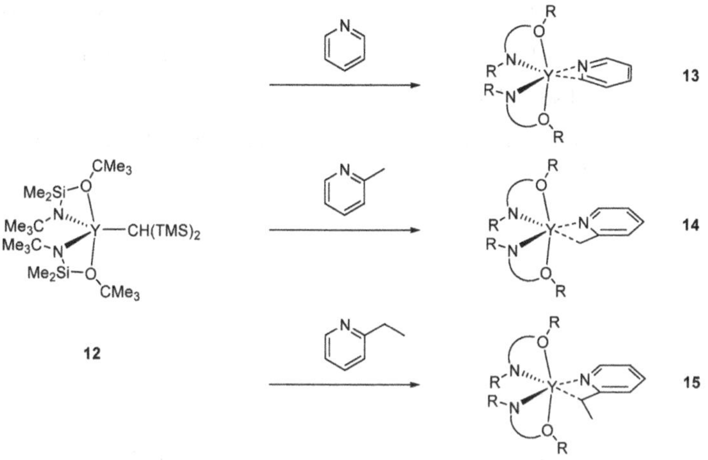

Schema 9: Synthese von Bis(alkoxysilylamido)yttrium-pyridyl- und picolyl-Komplexen 13-15 durch C-H-Bindungsaktivierung mit Yttrium-Komplex **12**.[47]

Mashima et al. untersuchten die Möglichkeit zur Endfunktionalisierung von P2VP durch die C(sp³)-H-Bindungsaktivierung von Pyridyl-Derivaten mit Yttrium-Endiamido-Komplexen. Die Katalysatoren mit den neuartigen Pyridyl-Initiatoren wurden dabei *in situ* durch σ-Bindungsmetathese hergestellt und in der Polymerisation von 2-Vinylpyridin untersucht (siehe Schema 10).[31]

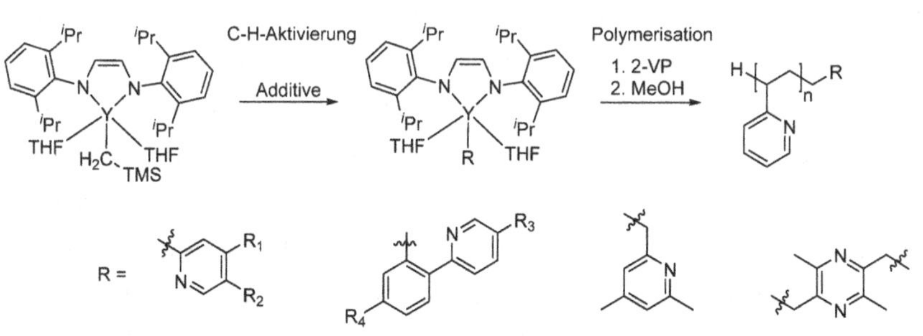

Schema 10: Endfunktionalisierte Polymerisation von 2VP mit C-H-bindungsaktivierten Yttrium-Komplexen nach *Mashima et al.*[31]

Bei den *in situ* hergestellten C-H-bindungsaktivierten Komplexen handelte es sich sowohl um monometallische Pyridyl-Komplexe, wie Komplex **16** mit Collidin-Initiator, als auch um bimetallische Komplexe (**17**; Tetramethylpyrazin-Initiator), bei denen die Polymerkette vom Initiator ausgehend in zwei Richtungen fortgesetzt werden kann (siehe Abbildung 6).[31]

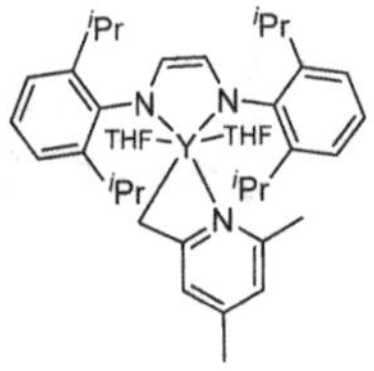

16 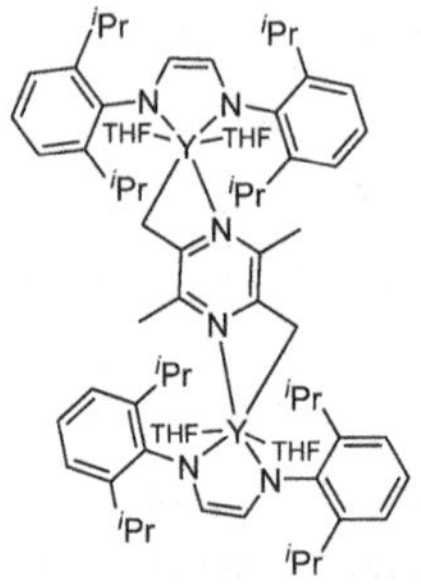   **17**

Abbildung 6: Zwei *in situ* gebildete C-H-aktivierte Yttrium-Komplexe **16** und **17** mit Pyridinderivaten als Initiatoren nach *Mashima et al.*[31]

Mechanistische Studien an Seltenerd-Metallocenen mit Amid- und Alkyl-Initiatoren (z.B. CH$_2$TMS) zeigten, dass Polymerisationen mit diesen Initiatoren durch eine mögliche Deprotonierung der α-C-H-Bindung des Monomers verlangsamt sind. Um effizientere Initiatoren einzuführen, unternahmen *Rieger et al.* erfolgreich C-H-Bindungsaktivierungen von heteroaromatischen Verbindungen mit Seltenerd-Cyclopentadienyl-Systemen. Die Reaktion von Cp$_2$Y(CH$_2$TMS)(THF) mit einem Äquivalent 2,4,6-Trimethylpyridin (2,4,6-Collidin) führt in Toluol bei Raumtemperatur nach 30 Minuten zur Bildung von Cp$_2$Y(CH$_2$(C$_5$H$_2$Me$_2$N)) *via* σ-Bindungsmetathese (siehe Schema 11). Die C-H-Aktivierung mit dem analogen Lutetium-Katalysator ist weniger aktiv und konnte nur durch Reaktion über Nacht quantitativ durchgeführt werden.[48]

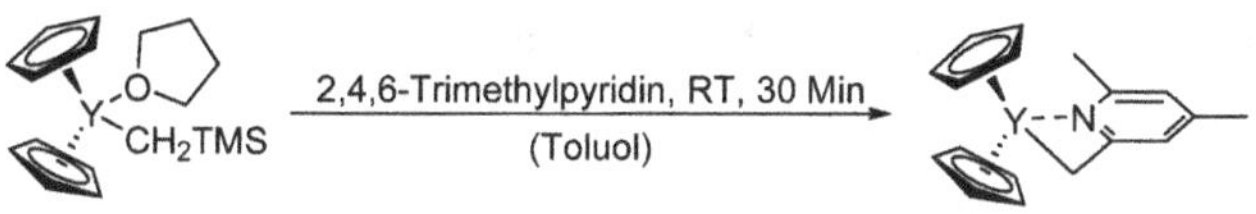

Schema 11: Synthese von $Cp_2Y(CH_2(C_5H_2Me_2N))$ über σ-Bindungsmetathese mit 2,4,6-Trimethylpyridin und Seltenerd-Metallocenen.[48]

Diese neu erhaltenen Komplexe bewiesen sich als gute Initiatoren für die Gruppen-transferpolymerisation von polaren Monomeren, vor allem für Vinylphosphonate. Durch den Austausch des Initiators findet die Initiation, die sonst über einen 6-Elektronen-Prozess durch den nukleophilen Angriff eines basischen Alkyl-Initiators stattfindet, nun mit einem Enolat-Initiator über einen 8-Elektronen-Prozess statt. Dieser 8-Elektronen-Prozess ist dann analog der Propagation (siehe Abbildung 7). Die Polymerisationen von Diethylvinylphosphonat und 2-*Iso*-Propylen-2-oxazolin verlief ohne Initiationsphase und mit einer hohen Initiatoreffektivität.[48]

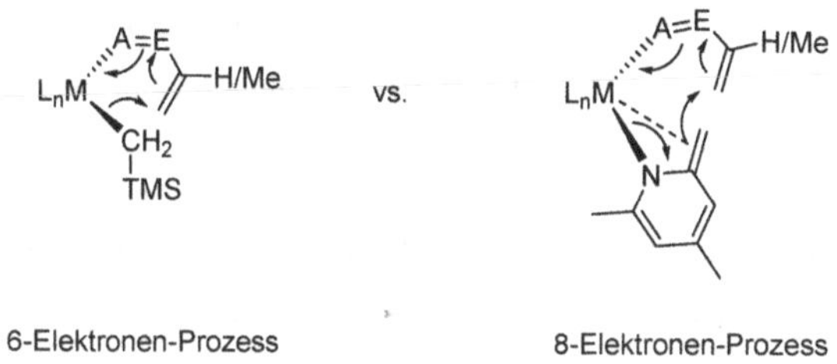

6-Elektronen-Prozess   vs.   8-Elektronen-Prozess

Abbildung 7: Vergleich der Initiation von *Michael*-Monomeren *via* 6-Elektronen- und 8-Elektronen-Prozess.

Die Möglichkeit der C-H-Bindungsaktivierung über Alkyllanthanid-mediierte σ-Bindungsmetathese, wie sie in den letzten Jahren von verschiedenen Forschungs-gruppen untersucht wurde, eröffnete ein neues Forschungsfeld in der Polymerisations-katalyse und für die Einführung neuer Funktionalitäten und Endgruppen in Polymere. Dieses ist damit eine der ersten praktischen Anwendungen für die Übergangsmetall-katalysierte C-H-Bindungsaktivierung.[19]

2.4   Taktizitätsbestimmung und Mechanismusaufklärung

Um die Taktizität der Polymere zu bestimmten, sind hochaufgelöste ^{1}H- und ^{13}C-NMR-Messungen unerlässlich und eignen sich ebenfalls zur Aufklärung des Polymerisationsmechanismus. Die Unterscheidung verschiedener Strukturen und Sequenzen im Polymer ist dabei durch NMR-Spektroskopie quantitativ möglich. Außerdem ist die Zuordnung der Signale im NMR-Spektrum für jedes Polymer individuell und gestützt auf Oligomer-NMR- und 2D-NMR-Studien. Zusätzlich sind physikalische und statistische Berechnungen erforderlich. Die literaturbekannten Zuordnungen sind jedoch oft nicht vollständig oder widersprechen sich.[49-50]

Bei der Polymerisation von prochiralen α-Olefinen wie Propen entsteht durch den Einbau jeden einzelnen Monomers in die Polymerkette ein neues Stereozentrum. Abhängig davon, wie der Rest am Monomer zu dem in der vorhergegangen Polymerkette steht, kommt es zu verschiedenen Sequenzen in einem Polymer. Bei gleicher Stereokonfiguration (relativ zueinander) handelt es sich um eine *meso*-Verknüpfung (*m*-Dyade), bei entgegengesetzter Konfiguration um eine *racemische*-Verknüpfung (*r*-Dyade).

Bei guter Auflösung sind Signale im NMR-Spektrum in Abhängigkeit der Konfiguration sichtbar. Dabei ist das Aufspaltungsmusters eines Signals durch die jeweiligen benachbarten Zentren des jeweiligen Stereozentrums beeinflusst. Bei Betrachtung der nächsten Nachbarn entstehen drei Signale, die sogenannten Triaden, die als *mm* (isotaktisch), *mr/rm* (heterotaktisch) und *rr* (syndiotaktisch) definiert werden (siehe Abbildung 8).

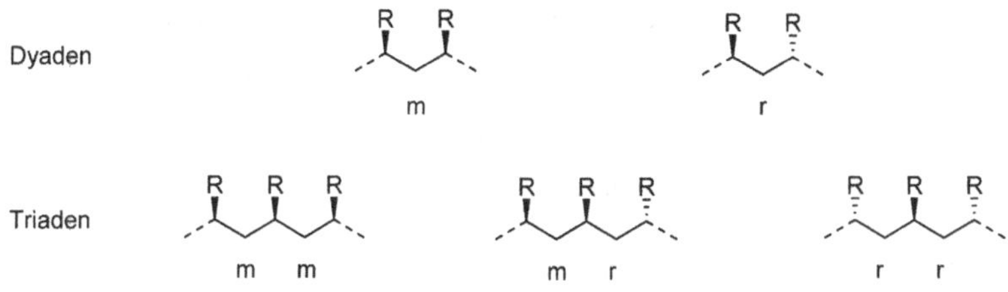

Dyaden

m   r

Triaden

m m   m r   r r

Abbildung 8: Mögliche Stereokonfigurationen in *meso-* und *racemischen* Verknüpfungen.[41]

Bei hinreichend guter Auflösung des NMR-Spektrums spalten sich die NMR-Signale sogar in Abhängigkeit der Konfiguration der nächsten zwei Stereozentren auf. Es entsteht eine Aufspaltung in zehn unterschiedliche Pentaden.[41]

Isotaktisches Polymer wird demnach erhalten, wenn die Monomermoleküle bevorzugt mit der gleichen relativen Stereokonfiguration zueinander eingebaut werden. Die Konfiguration, mit der das nächste Monomer in die Polymerkette eingebaut wird, wird dabei von verschiedenen Faktoren beeinflusst. Eine Analyse der NMR-Spektren gibt dabei genauere Rückschlüsse auf die Mikrostruktur und damit auch auf den Polymerisationsmechanismus. Beeinflusst das letzte eingebaute Molekül aus der Polymerkette die Stereoinformation des neu koordinierenden Monomers, so handelt es sich um eine Kettenendkontrolle. Wirkt eine chirale Katalysatorumgebung stereoregulierend, so nennt man diesen Mechanismus ,*enantiomorphic site control*'.[41]

Die Stereosequenz-Aufspaltungen im NMR-Spektrum werden zur Aufklärung des Polymerisationsmechanismus oft durch statistische Propagationsmodelle beschrieben.[41] Das *Bernoulli-* und das *Markov*-Modell beschreiben die Kettenendkontrolle. Das *Bernoulli*-Modell geht dabei davon aus, dass nur das letzte Monomer in der Polymerkette entscheidend für den Einbau des nächsten Monomers ist. Daher ist nur ein *meso*-Einbau (P_m) oder *racemischer* Einbau (P_r) möglich. P_m ist dabei analog der *meso*-Dyade (m) und P_r der *racemischen*-Dyade (r). Durch diesen Zusammenhang können Wahrscheinlichkeiten für die Triaden als auch für jede Pentade bestimmt werden. Das *Markov*-Modell berechnet auf der gleichen Grundlage die Anteile für die jeweiligen

Triaden und Pentaden unter zusätzlicher Berücksichtigung des vorletzten Monomers in der Polymerkette. [51] Dadurch entstehen vier mögliche Triaden, die dann in Dyaden-Anteile umgerechnet werden können. Anschließend ist eine Berechnung der Anteile für jede Aufspaltung im Polymer möglich.[41]

Die Katalysator-beeinflusste ‚*enantiomorphic site control*' wird über den Parameter σ beschrieben. Dieser Parameter gibt dabei die Wahrscheinlichkeit an, ob eine prochirale Monomer-Einheit mit seiner *Re*- oder *Si*-Seite an eine bestimmte Seite des Katalysators (R/S-Seite) addiert. Die Dyaden/Triaden/Pentaden-Anteile können dann über diesen Parameter berechnet werden.[41]

Die *m*-Dyade (P_m) und der Parameter σ stehen dabei in folgendem Zusammenhang:[51]

$$P_m = m = \sigma^2 + (1 - \sigma)^2 \qquad (2.1)$$

Daraus können dann die theoretischen Anteile für die drei Triaden berechnet werden:[51]

$$mm = m^2 = 1 - 3\sigma(1 - \sigma) \qquad (2.2)$$

$$mr = m(1 - m) = 2\sigma(1 - \sigma) \qquad (2.3)$$

$$rr = (1 - m)^2 = \sigma(1 - \sigma) \qquad (2.4)$$

Abbildung 9 zeigt die Auswirkungen eines Stereofehlers auf die Stereoinformation der Polymersequenz bei einer isotaktischen Kettenendkontrolle (*Bernoulli*-Modell) oder Komplexkontrolle (‚*enantiomorphic site control*') und die daraus resultierenden Triaden- und Pentaden-Verhältnisse im ^{13}C-NMR-Spektrum.[52]

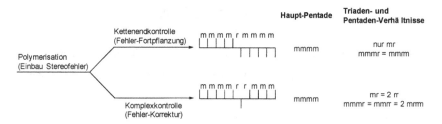

Abbildung 9: Auswirkungen eines Stereofehlers auf die Polymersequenz bei isotaktischer Kettenend- und Komplexkontrolle und die daraus resultierende Auswirkungen auf die Triaden- und Pentaden-Verhältnisse im NMR-Spektrum.[52]

Daraus resultierend gibt es verschiedene Kriterien, um zu testen, welches Modell für einen bestimmten Polymerisationsmechanismus zutrifft. Es gilt:

$$\frac{4(mm)(rr)}{(mr)^2} = 1 \qquad \text{\textit{Bernoulli}-Modell} \qquad (2.5)$$

$$\frac{4(mmmm)(rmr)}{(mmr)^2} = 1 \text{ und } \frac{4(mrm)(rrr)}{(mrr)^2} = 1 \qquad \text{\textit{Markov}-Modell} \qquad (2.6)$$

$$\frac{2(rr)}{(mr)} = 1 \qquad \text{\textit{,enantiomorphic}} \qquad (2.7)$$
$$\text{\textit{site} \qquad \textit{control'}-}$$
$$\text{Modell}$$

Im Allgemeinen kann die Wahrscheinlichkeit für den Einbau von *meso*-Verbindungen (P_m) unabhängig von dem Polymerisationsmechanismus über die Triaden-Struktur mit folgender Formel berechnet werden:

$$P_m = mm + 0.5mr \qquad (2.8)$$

Die ^{13}C-NMR-Zuordnung der Signale von Poly(2-vinylpyridin) und der Pentaden-Aufspaltung des quartären C-Atoms im Detail, wurde schon von mehreren Forschungsgruppen untersucht, um Rückschlüsse auf die Taktizität des Polymers zu ziehen.[31, 33-34, 36, 49, 53-55] Da die Signale für hetero- und syndiotaktische Verknüpfungen der Methin- und Methylen-Protonen im ^{1}H-NMR überlagern, eignet sich nur das [31]C-NMR-Spektrum für die Untersuchung der Taktizität und des Polymerisationsmechanismus.[50] Da auch bei diesem Kohlenstoff-Atom das Aufspaltungsmuster nicht vollständig aufgelöst werden kann, kommt es zwischen den postulierten Zuordnungen der verschiedenen Forschungsgruppen zu Unstimmigkeiten. Die ersten Zuordnungen durch *Natta et al.* erfolgten 1961 durch stereospezifische anionische Polymerisation von 2-Vinylpyridin zu hoch-isotaktischem P2VP. Ohne weitere Studien wurde das Signal mit der höchsten Intensität im Aufspaltungsmunster des quartären Kohlenstoffatoms als *mmmm*-Pentade angenommen.[32, 49]

Für ataktisches P2VP ergibt sich in dieser Region eine Aufspaltung in drei Signale, die *Fontanille et al.* im Jahr 1976 als Triaden *mm* (isotaktischer Bereich), *mr/rm* (heterotaktischer Bereich) und *rr* (syndiotaktischer Bereich) beschrieben.[49, 53] Durch die Synthese von deuteriertem Polymer und 2D-NMR-Studien durch *Matsuzaki et al.* konnte gezeigt werden, dass es zwar für das quartäre C-Atom zu einer Aufspaltung in drei Bereiche kommt, diese aber nicht nur mit der Triadenaufspaltung korreliert, sondern einer nicht hinreichend aufgelöster Pentadenaufspaltung entspricht.[33] Berechnungen zu konformationellen Energien und Dipolmomenten von Poly(2-vinylpyridin)-Ketten mit unterschiedlichen Stereosequenzen nach *Tonelli* bestätigten, dass es zu einer leichten Überlagerung der isotaktischen und heterotaktischen Triade kommt.[56] *Hogen-Esch* und *Dimov* verglichen deswegen im Jahr 1995 die verschiedenen publizierten Zuordnungsmuster. Sie versuchten durch statistische Pentaden-Verhältnisse und durch die Veränderungen der Pentaden zwischen isotaktischem und syndiotaktischem P2VP auch nicht sichtbare Pentaden zu identifizieren und durch die Betrachtung anderer Kohlenstoffatomresonanzen im ^{13}C-NMR-Spektrum, eine modifizierte Zuordnung zu ermitteln. Vor allem die Zuordnung der *mmrm*- und *mmrr*-

Pentadenresonanzen konnte durch diese Untersuchung bestimmt werden, wodurch die mechanistische Betrachtung der Polymerisation möglich ist. Schultern in den jeweiligen Signalen bewiesen eine hohe Sensitivität des quartären C-Atoms und eine mögliche Aufspaltung des Signals als Heptaden.

Es ist fortan möglich, durch diese vollständige Triaden- und Pentadenzuordnung alle Signale im Bereich der quartären ^{13}C-Resoanz zu identifizieren und Mechanismusstudien vorzunehmen. Abbildung 10 zeigt die Pentadenzuordnung für ein isotaktischsyndiotaktisches Stereoblock-Polymer nach *Dimov* und *Hogen-Esch*. Die *rmmr-* und *mmrr*-Pentaden überlagern, da sie unterschiedliche chemische Verschiebungen haben, in Abhängigkeit davon, ob sie zu dem isotaktischen oder syndiotaktischen Stereoblock gehören.[49]

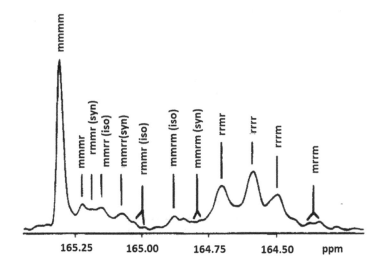

Abbildung 10: Aromatische quartäre ^{13}C-NMR-Resonanz eines isotaktischen-syndiotaktischen Stereoblock-P2VP in MeOD bei 40 °C.[49]

Auch für Poly(*N,N*-dimethylacrylamid) und Poly(diethylvinylphosphonat) kommt es zur Aufspaltung der Signale im NMR-Spektrum in Abhängigkeit der Konfiguration. Die ^{13}C-NMR-Zuordnung der Signale von Poly(*N,N*-dimethylacrylamid) und des Carbonyl-Kohlenstoffatoms im Detail, wurde schon von mehreren Forschungsgruppen untersucht, um Rückschlüsse auf die Taktizität des Polymers zu ziehen.[57-63] Das Carbonyl-Kohlenstoffatom der Polymerseitenkette, welches in Abbildung 11 dargestellt ist, hat die höchste Verschiebung aller Signale im ^{13}C-NMR-Spektrum, jedoch nur eine relativ geringe Intensität. Eine Zuordnung des Aufspaltungsmusters dieses Signales nach *Bulai* in eine Triadenaufspaltung lässt eine Berechnung der Taktizität zu.[59] Dabei überlagern die jeweiligen Triaden jedoch, so dass eine genaue Angabe der Taktizität erschwert ist.

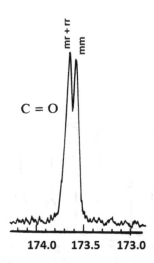

Abbildung 11: Carbonyl-^{13}C-NMR-Resonanz von Poly(*N,N*-dimethylacrylamid) in CDCl₃.[59]

3 Zielsetzung

Lanthanoid-Cyclopentadienyl-Systeme sind in der Lage, *Michael*-Monomere wie Vinylphosphonate mit hoher Aktivität lebend zu polymerisieren. Auch 2-Aminoalkoxybis(phenolat)-Yttrium-Komplexe zeigen moderate bis hohe Aktivitäten für die Polymerisation polarer Monomere. Keines der Systeme ermöglicht jedoch die Herstellung von taktischem Poly(2-vinylpyridin). Auch eine Erhöhung des sterischen Anspruchs in der symmetrischen Katalysatorumgebung hatte keinen Einfluss auf die Taktizität hingegen auf die Aktivität und Initiatoreffektivitäten. Aufbauend auf diesen ersten Studien sollen daher in dieser Arbeit verschiedene Komplexe der allgemeinen Form $(ONOO)^{R_1,R_2,R_3,R_4}Y(CH_2TMS)(THF)$ mit unsymmetrisch substituierten Liganden in ihrer Aktivität und Stereoselektivität bezüglich der Monomere 2-Vinylpyridin, Diethylvinylphosphonat und *N,N*-Dimethylacrylamid untersucht werden. Die Liganden sollen dabei über eine mehrstufige Synthese, ausgehend von den jeweiligen Phenolen, hergestellt werden. Dadurch sind durch unterschiedliche Substituenten am Phenol beliebige Varianten an Liganden über nukleophile Substitutionen zugänglich (siehe Abbildung 12). Zum einen wird untersucht, inwieweit die Synthesen verschiedener Komplexe realisierbar sind und zum anderen wie sich der sterische Anspruch durch die Substitution und die damit entstehende unsymmetrische Katalysatorumgebung auf die Taktizität des Polymers auswirkt.

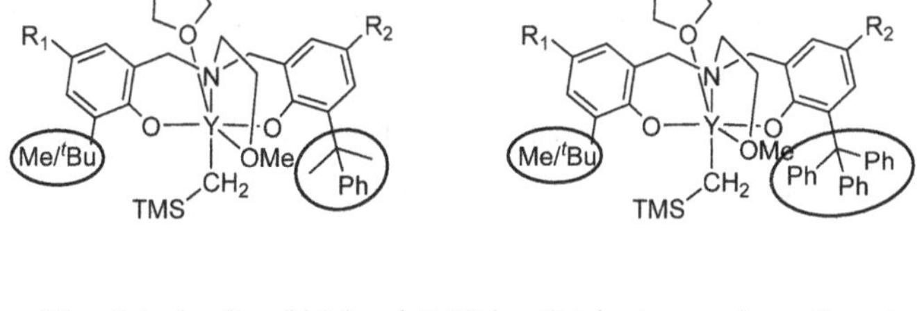

Abbildung 12: 2-Aminoalkoxybis(phenolat)-Yttrium-Katalysatoren der allgemeinen Form $(ONOO)^{R_1,R_2,R_3,R_4}Y(CH_2TMS)(THF)$ mit unsymmetrisch substituierten Liganden.

Durch die Synthese des 2-Aminoalkoxybis(phenolat)-Lutetium-Komplexes $(ONOO)^{tBu}Lu(CH_2TMS)(THF)$ soll der Einfluss des Metallradius auf die Aktivität in der Gruppentransferpolymerisation von 2VP, DEVP und DMAA untersucht werden.

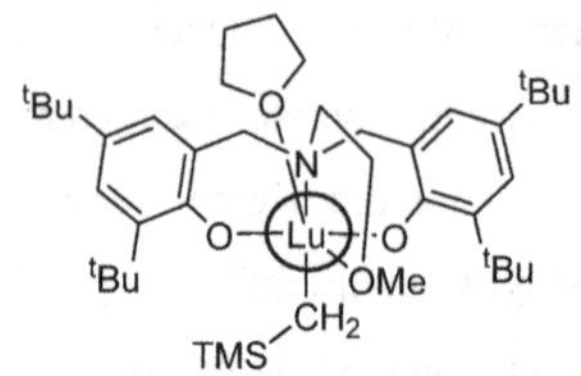

Abbildung 13: 2-Aminoalkoxybis(phenolat)-Lutetium-Komplex $(ONOO)^{tBu}Lu(CH_2TMS)(THF)$.

Die Möglichkeit der C-H-Bindungsaktivierung über Alkyllanthanid-mediierte σ-Bindungsmetathese ermöglicht die Einführung von neuen Funktionalitäten und Endgruppen in Polymere. Außerdem können Lanthanoid-Komplexe Heteroaromaten wie Collidin oder andere Pyridinderivate über σ-Bindungsmetathese aktivieren. Der Komplex $(ONOO)^{tBu}Y(CH_2TMS)(THF)$ (7) zeigt für die Polymerisationen von DEVP und DMAA nur geringe Initiatoreffektivitäten. Basierend auf den bisher durchgeführten Untersuchungen zur Alkyllyttrium-mediierten σ-Bindungsmetathese sollen neue und effizientere Initiatoren für die Polymerisation eingeführt werden. C-H-Bindungsaktivierungen von 2,4,6-Collidin und 2,3,5,6-Tetramethylpyrazin sollen zunächst mit den Komplexen $(ONOO)^{tBu}Y(CH_2TMS)(THF)$ (7) und $(ONOO)^{tBu}Lu(CH_2TMS)(THF)$ durchgeführt werden, um die Möglichkeit der σ-Bindungsmetathese mit diesen Komplexen zu testen. Die C-H-bindungsaktivierten Komplexe sollen anschließend in der Gruppentransferpolymerisation von 2-Vinylpyridin, Diethylvinylphosphonat und N,N-Dimethylacrylamid bezüglich Aktivität, Initiatoreffektivität und Stereoselektivität untersucht werden.

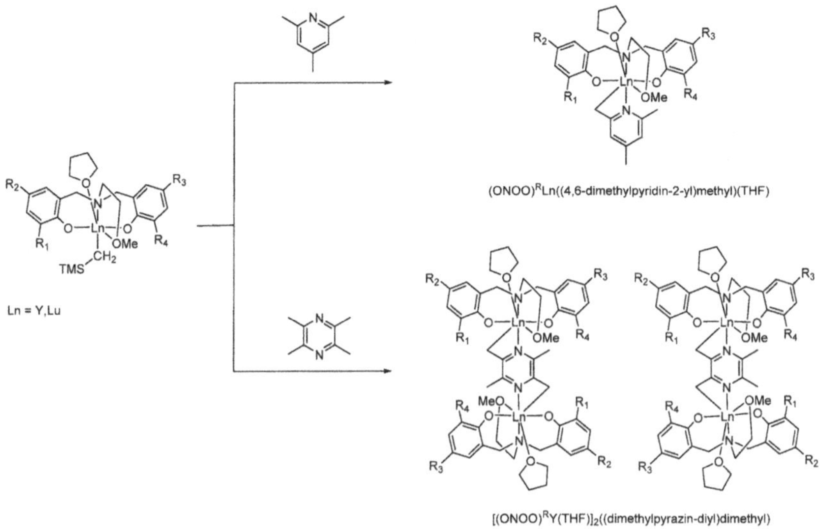

Abbildung 14: C-H-Bindungsaktivierung von Collidin und Tetramethylpyrazin mit 2-Aminoalkoxybis(phenolat)lanthanoid-Komplexen *via* σ-Bindungsmetathese.

4 Ergebnisse und Diskussion

4.1 Synthese der Katalysatorstrukturen

4.1.1 Ligandensynthese

Zur Synthese der gewünschten Katalysatoren mussten zunächst die jeweiligen Liganden hergestellt werden. Über eine *Mannich*-Reaktion nach *Goldschmidt et al.* (siehe Schema 12), bei der zwei Äquivalente 2,3-Di-*tert*-Butylphenol in einem Überschuss an Formaldehyd-Lösung (37% in Wasser) mit einem Äquivalent 2-Methoxyethylamin umgesetzt werden, wurde der gewünschte Ligand **18** (H$_2$(ONOO)^{tBu}) erhalten.[64] Nach zweifacher Umkristallisation in Ethanol konnte das Produkt in Form farbloser Nadeln isoliert werden.

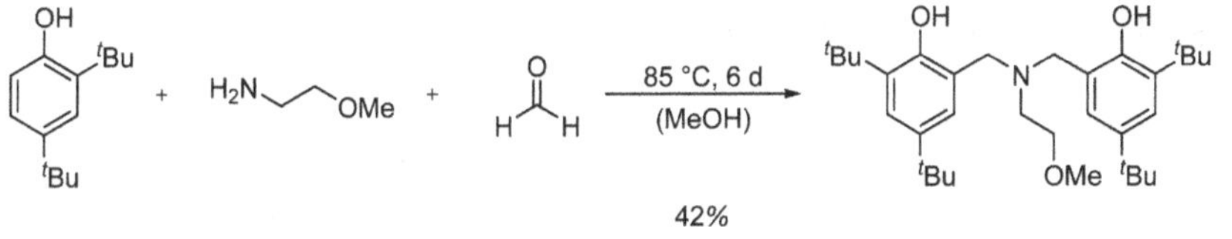

Schema 12: *Mannich*-Reaktion nach *Goldschmidt et al.* zur Synthese des symmetrischen Liganden H$_2$(ONOO)^{tBu} (**18**).

Ähnliche Strukturen der Form H$_2$(ONOO)^{R_1,R_2,R_3,R_4} (R$_1$, R$_2$, R$_3$, R$_4$ im Nachfolgenden mit R abgekürzt), bei denen die beiden Phenol-Gruppen nicht identisch substituiert sind, können nicht über eine *Mannich*-Reaktion hergestellt werden. Durch eine basenkatalysierte nukleophile Substitutionsreaktion eines sekundären Amins mit dem jeweiligen Methylbromid werden die gewünschten unterschiedlich substituierten Liganden nach Schema 13 erhalten.[65]

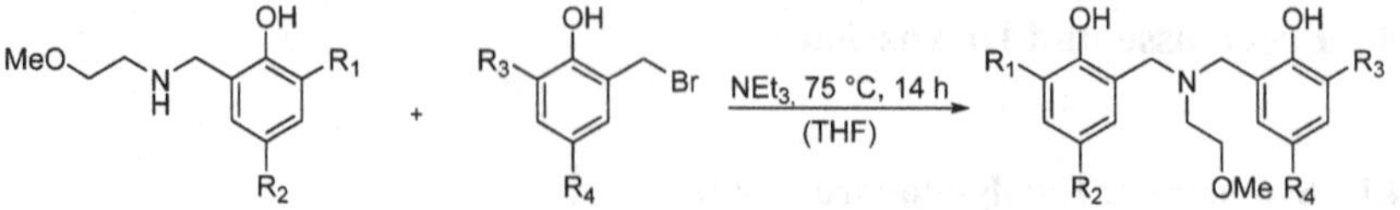

Schema 13: Allgemeine Synthese eines unsymmetrisch substituierten Liganden durch nukleophile Substitution.

Die protonierten Liganden **19–22**, die sich im Substitutionsmuster an den Phenol-Gruppen unterscheiden, wurden erfolgreich über diese Syntheseroute dargestellt. Dabei wurde im Vergleich zu dem symmetrischen Ligand **18** sowohl der sterische Anspruch in *ortho*-Position des Phenol-Rings auf einer Seite erhöht, da die *tert*-Butyl-Gruppe gegen eine Cumyl- bzw. Trityl-Gruppe ausgetauscht wird (siehe **19**, **21** und **22**) und auch der sterische Anspruch der anderen Phenol-Gruppe erniedrigt (*tert*-Butyl Gruppe gegen Methyl-Gruppe substituiert; siehe Ligand **20**). Alle unsymmetrischen Liganden sind in Abbildung 15 dargestellt.

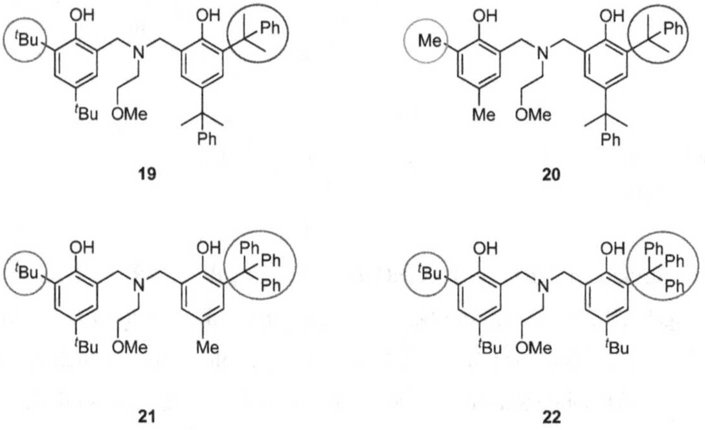

Abbildung 15: Unsymmetrische Liganden der Form $H_2(ONOO)^{R_1,R_2,R_3,R_4}$ (**19-22**).

Zur Synthese über die nukleophile Substitutionsreaktion ist eine Herstellung der jeweiligen sekundären Amine und der Methylbromid-Strukturen der jeweiligen Phenole nötig. Für die Darstellung von Ligand **22** wird das sekundäre Amin **27** benötigt, welches über eine vierstufige Syntheseroute nach Schema 14 erhalten werden kann. Ausgehend vom 4-*tert*-Butylphenol (**23**) wurde in einer Reaktion nach *Kochnev et al.* mit Triphenylchlorid und Natrium das gewünschte 4-(*tert*-Butyl)-2-tritylphenol (**24**) in einer Ausbeute von 64% erhalten.[66] Anschließend wurde in einer Formylierungsreaktion von **24** mit Hexamethylendiamin in Trifluoressigsäure der Aldehyd **25** hergestellt. Durch Umsetzung mit 2-Methoxyethylenamin wurde zunächst durch Iminbildung die Verbindung **26** erhalten, die anschließend in der Reduktion mit Natriumborhydrid zum sekundären Amin **27** überführt wurde. Dieses wurde nach Umkristallisation aus Ethanol in Form von gelben Kristallen in einer Ausbeute von 67% erhalten.

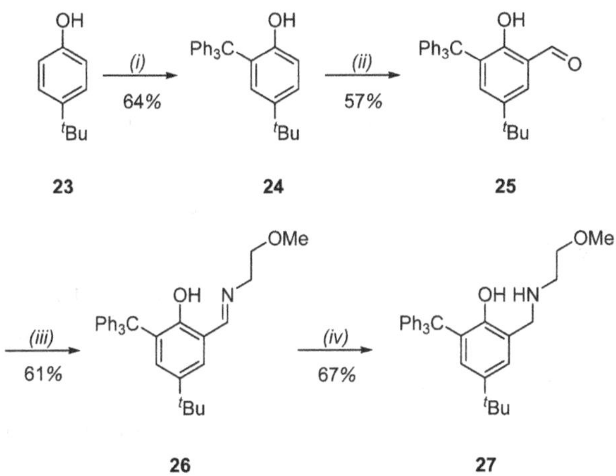

Schema 14: Syntheseroute für die Darstellung von **27**: i) 4-*tert*-Butylphenol (**23**) (10.0 Äq.), Natrium (1.39 Äq.), Triphenylchlorid (1.0 Äq.), 145 °C, 3 h.[66] ii) **24** (1.0 Äq.), Hexamethylendiamin (1.0 Äq.) in Trifluoressigsäure, 110 °C, 22 h. iii) **25** (1.0 Äq.), 2-Methoxyethylamin (1.0 Äq.) in Chloroform/Methanol (1:1), 85 °C, 24 h. iv) **26** (1.0 Äq.), Natriumborhydrid (2.1 Äq.) in Chloroform/Methanol (1:1), 50 °C, 48 h.

Die sekundären Amine **28**, **29** und **30** sowie die beiden Methylbromid-Phenole **31** und **32** standen bereits zur Verfügung und wurden ohne weitere Aufreinigung zur Synthese eingesetzt (siehe Abbildung 16).

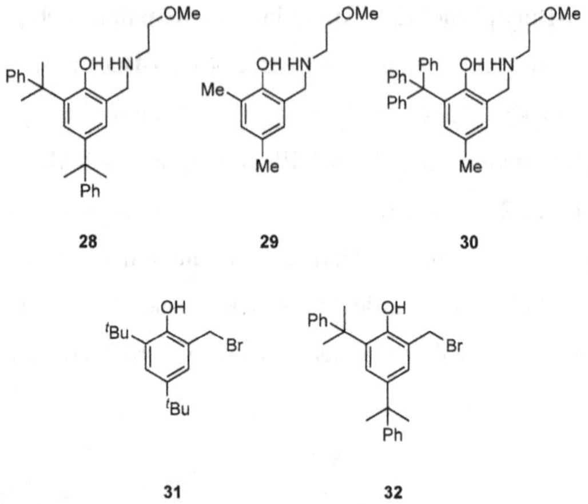

28   29   30

31   32

Abbildung 16: Sekundäre Amine (**28**, **29**, **30**) und Methylbromid-Verbindungen (**31**, **32**).

Da die Synthese der unsymmetrischen Liganden **19-22** über mehrere Varianten mög-lich ist, bei denen die verschiedenen Reste an dem Phenol des sekundären Amins und des Methylbromids vertauscht werden, zeigt Tabelle 1, welche Edukte in der jeweili-gen Substitution eingesetzt wurden und in welcher Ausbeute der jeweilige Ligand er-halten werden konnte. Nach Umkristallisation oder säulenchromatographischer Auf-reinigung wurden alle Verbindungen in Form farbloser Feststoffe in moderaten Aus-beuten erhalten.

Tabelle 1: Edukte für die Synthese der Liganden $H_2(ONOO)^R$ und die erhaltenen Ausbeuten der Verbindungen **19-22**.

Ligand	Amin	Methylbromid	Ausbeute [%]
$H_2(ONOO)^{tBu,CMe2Ph}$ (**19**)	28	31	49
$H_2(ONOO)^{Me,CMe2Ph}$ (**20**)	29	32	64
$H_2(ONOO)^{tBu,Me,CPh3}$ (**21**)	30	31	40
$H_2(ONOO)^{tBu,tBu,CPh3}$ (**22**)	27	31	43

4.1.2 Komplexsynthese

Zur Synthese der Komplexe der allgemeinen Form $(ONOO)^R Ln(CH_2TMS)(THF)$ werden die hergestellten Liganden **18-22** mit einem Metallprecursor $Ln(CH_2TMS)_3(THF)_2$ (**33** Ln = Y, **34** Ln = Lu) nach Schema 15 umgesetzt. Der literaturbekannte Komplex $(ONOO)^{tBu}Y(CH_2TMS)(THF)$ (**7**) wurde nach *Carpentier et al.* dargestellt und in einer Ausbeute von 43% als farbloser Feststoff erhalten.[67] Analog zu dieser Synthese wurde der Komplex $(ONOO)^{tBu}Lu(CH_2TMS)(THF)$ (**35**) erfolgreich in guter Ausbeute dargestellt. Diese Syntheseroute wurde ebenfalls für die unsymmetrischen Liganden **19-22** mit dem Metallprecursor $Y(CH_2TMS)_3(THF)_2$ (**33**) getestet. Die Komplexe $(ONOO)^{tBu,CMe2Ph}Y(CH_2TMS)(THF)$ (**36**) und $(ONOO)^{tBu,tBu,CPh3}Y(CH_2TMS)(THF)$ (**37**) konnten erfolgreich synthetisiert werden und wurden in moderaten Ausbeuten erhalten (siehe Schema 15 und Abbildung 17). Eine Komplexierung des Liganden $H_2(ONOO)^{tBu,Me,CPh3}$ (**21**) lieferte den gewünschten Komplex nicht in ausreichender Reinheit.

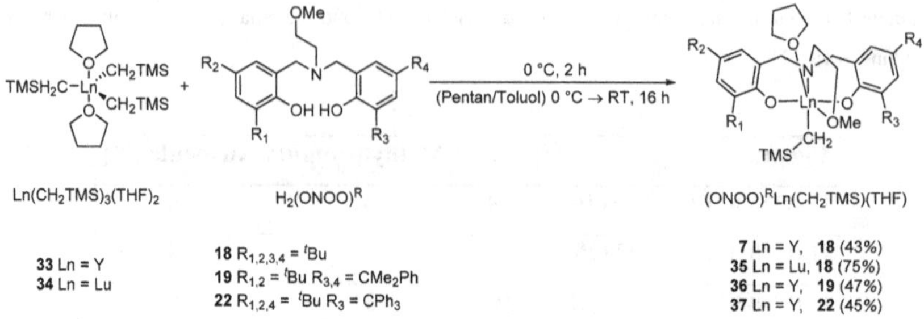

Schema 15: Synthese der Komplexe $(ONOO)^R Ln(CH_2TMS)(THF)$ (7, 35-37).

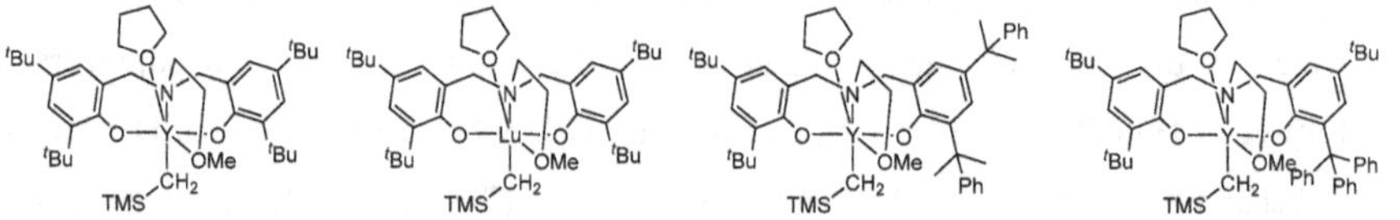

Abbildung 17: Isolierte Komplexe $(ONOO)^R Ln(CH_2TMS)(THF)$ 7 und 35-37.

Durch die Umsetzung des Liganden $H_2(ONOO)^{Me,CMe_2Ph}$ (20) mit dem Yttriumprecursor 33 wurde nicht der erwartete Komplex analog zu den oben beschriebenen isoliert. ^{1}H-NMR-Spektren zeigten keine Signale eines koordinierten THF-Moleküls (3.5-4.0 ppm und 1.0-1.25 ppm), wie es bei allen anderen Komplexen der Form $(ONOO)^R Ln(CH_2TMS)(THF)$ beobachtet wurde. Eine Elementaranalyse bestätigt, dass in dem isolierten Komplex kein THF koordiniert. Frühere Untersuchungen zu Komplexen ähnlicher Struktur mit anderen Initiatoren, wie die von *Carpentier et al.* im Jahr 2011 an einem Komplex der Form $[(ONOO)^{Cl}Y(N(HSiMe_2)_2)]_2$, zeigten, dass diese zur Ausbildung dimere Strukturen neigen, wenn einer der beiden Substituenten in *ortho*-Position am Phenol einen genügend geringen sterischen Anspruch besitzt.[68] Da auch in dieser Synthese die *tert*-Butyl-Gruppe gegen eine sterisch weniger anspruchsvolle Methylgruppe ausgetauscht wurde (Vergleich mit Komplex 36), wurde angenommen, dass sich auch hier eine dimere Struktur der Form $[(ONOO)^{Me,CMe_2Ph}Y(CH_2TMS)]_2$ (**38**) gebildet hat (siehe Schema 16).

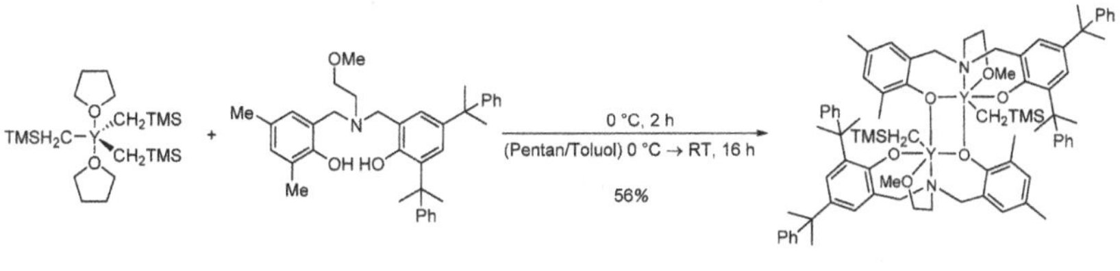

$Y(CH_2TMS)_3(THF)_2$ (**33**) $H_2(ONOO)^{Me,CMe_2Ph}$ (**20**) $[(ONOO)^{Me,CMe_2Ph}Y(CH_2TMS)]_2$ (**38**)

Schema 16: Synthese der dimeren Struktur $[(ONOO)^{Me,CMe_2Ph}Y(CH_2TMS)]_2$ (**38**).

Der zur Komplexsynthese benötigte Metallprecursor $Ln(CH_2TMS)(THF)$ (**33** Ln = Y, **34** Ln = Lu) wurde durch eine zweistufige Synthese nach *Okuda et al.* in guten Ausbeuten hergestellt (siehe Schema 17).[69-70] Für beide Metallzentren wurde ausgehend vom Lanthanoid(III)chlorid durch Rühren in Tetrahydrofuran bei 60 °C das jeweilige THF-Addukt der Form $LnCl_3(THF)_{3,5}$ erhalten. Dieses wurde ohne vorherige Isolation mit $LiCH_2TMS$ (**39**) umgesetzt, um die gewünschten Metallprecursor **33** und **34** in Form farbloser Feststoffe zu isolieren. Diese wurden für Komplexsynthesen nach Schema 15 und Schema 16 ohne weitere Analytik des Precursors verwendet, um eine Zersetzung zu vermeiden.

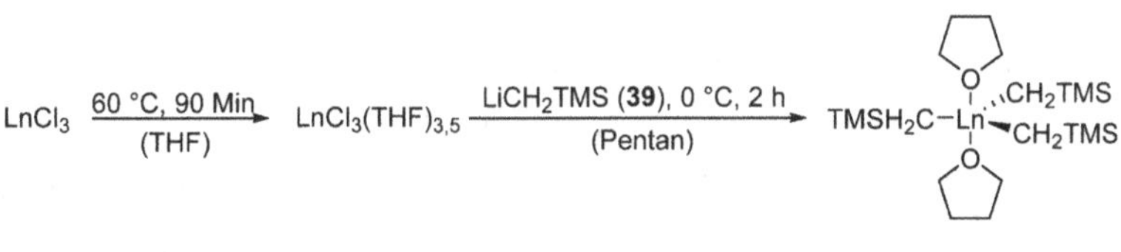

33 Ln = Y (76%)
34 Ln = Lu (66%)

Schema 17: Synthese der Metallprecursor **33** und **34** über zweistufige Synthese ausgehend vom Lanthanoid(III)chlorid.[69-70]

Das für die Precursorherstellung verwendete LiCH$_2$TMS (**39**) wurde durch einen Halogen-Metall-Austausch durch Reaktion von Chlormethylsilan mit Lithium-Granalien nach *Hultzsch* und *Gladysz et al.* als farbloser Feststoff in einer sehr guten Ausbeute erhalten (siehe Schema 18).[71-72]

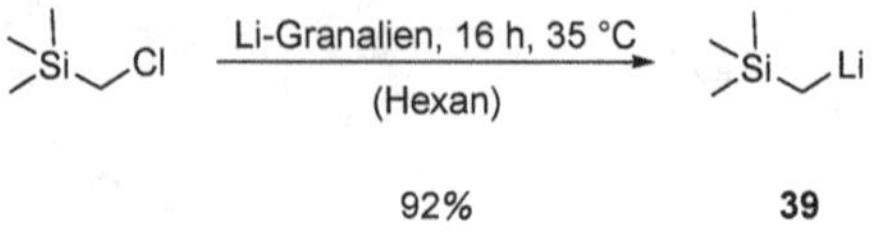

Schema 18: Synthese von LiCH$_2$TMS (**39**) durch Halogen-Metall-Austausch.[71-72]

4.2 Lanthanoid-mediierte σ-Bindungsmetathese

Lanthanoid-Komplexe sind in der Lage, Heteroaromaten wie 2,4,6-Trimethylpyridin (Collidin) oder andere Pyridinderivate durch C-H-Bindungsaktivierung *via* σ-Bindungsmetathese zu aktivieren. Sowohl *Mashima et al.* als auch *Rieger et al.* demonstrierten erfolgreich, dass mit den C-H-aktivierten Komplexen endfunktionalisierte Polymere hergestellt werden können. Auf der Suche nach neuen und effizienten Initiatoren für die Polymerisation von 2-Vinylpyridin, Diethylvinylphosphonat und *N,N*-Dimethylacrylamid sollten C(sp^3)-H-Bindungsaktivierungen der Methylgruppen von 2,4,6-Trimethylpyridin und 2,3,5,6-Tetramethylpyrazin mit den Komplexen, deren Synthese in Abschnitt 4.1 beschrieben wurde, durchgeführt werden. Zunächst sollte die Möglichkeit der C-H-Bindungsaktivierung an dem literaturbekannten Katalysator **7** getestet werden. Dieser Komplex zeigte mit CH$_2$TMS als Initiator positive Eigenschaften bezüglich Aktivität und Initiatoreffektivität im Hinblick auf die Polymerisation von 2-Vinylpyridin und 2-*iso*-Propenyl-oxazolin. In Polymerisationen mit DEVP zeigte sich nur eine geringe Initiatoreffektivität.[6] Basierend auf diesen Untersuchungen sollten effektivere Initiatoren *via* σ-Bindungsmetathese von 2,4,6-Trimethylpyridin und 2,3,5,6-Tetramethylpyrazin mit Komplex **7** eingeführt werden. Schema 19 zeigt die erwarteten Produkte der Umsetzung von Komplex **7** mit 2,4,6-Trimethylpyridin zum monometallischen Komplex (ONOO)^{tBu}Y((4,6-

dimethylpyridin-2-yl)methyl)(THF) (**40**), bei dem der neue (4,6-Dimethylpyridin-2-yl)methyl-Initiator über eine C(sp³)-H-aktivierte Bindung sowie über das Stickstoff-Atom koordiniert. Durch die Umsetzung von Komplex **7** mit 2,3,5,6-Tetramethylpyrazin soll durch zweifache σ-Bindungsmetathese ein bimetallischer Komplex [(ONOO)^{tBu}Y(THF)]₂((dimethylpyrazin-diyl)dimethyl) (**41**) synthetisiert werden. Es ist dabei unklar, welche Methylgruppen aktiviert werden, so dass sowohl ein Komplex entstehen kann, in dem die gegenüberliegenden Methylgruppen an das Yttriumzentrum koordinieren (**41a**) oder die beiden Methylgruppen aktiviert werden (**41b**), die sich auf einer Seite befinden. Sowohl der (Dimethylpyrazin-diyl)dimethyl)-Initiator (Tetramethylpyrazin-Initiator) als auch der Komplex wird daher in der allgemeinen Form, ohne Angaben von Ziffern, gekennzeichnet.

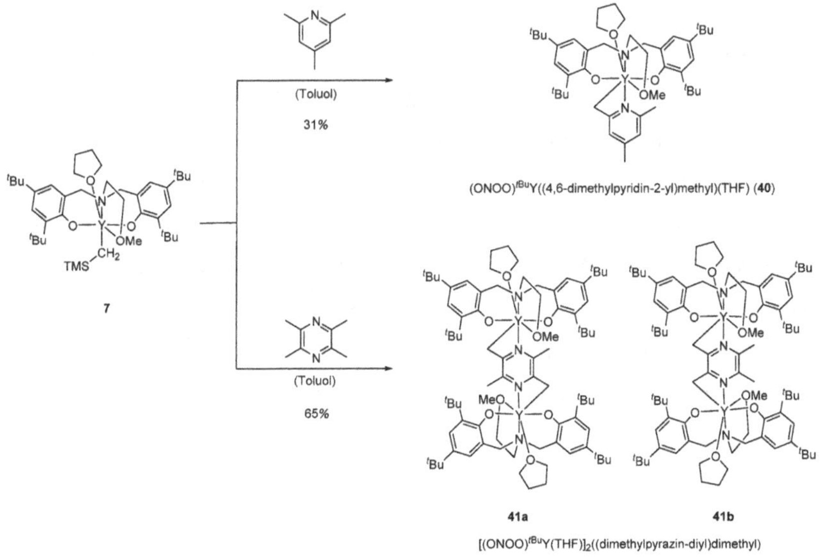

Schema 19: Synthese von Komplex **40** und **41** durch C-H-Bindungsaktivierung von Pyridinderivaten mit Komplex **7**.

Zeitaufgelöste ¹H-NMR-Experimente der Reaktion von Komplex 7 mit 2,4,6-Trimethylpyridin und 2,3,5,6-Tetramethylpyrazin sollten die Tendenz gegenüber der Möglichkeit zur C-H-Bindungsaktivierung dieser Heteroaromaten zeigen. Sowohl bei Umsetzung mit Collidin als auch mit Tetramethylpyrazin wurden in ¹H-NMR-Kinetiken bei Raumtemperatur nur geringe Neigungen zur C-H-Aktivierung festgestellt. Erst eine Erhöhung der Temperatur auf 60 °C machte eine C-H-Bindungsaktivierung möglich. Abbildung 18 stellt die zeitaufgelöste ¹H-NMR-Kinetik am Beispiel der σ-Bindungsmetathese von 2,4,6-Trimethylpyridin mit Komplex 7 bei 60 °C dar. Nach Zugabe von Collidin verringern sich mit der Zeit die Signale des CH₂TMS-Initiators (Singulett bei 0.52 ppm und Dublett bei -0.38 ppm) gegenüber einem ¹H-NMR-Spektrum von Komplex 7. Die Bildung von Tetramethylsilan (Signal bei 0.00 ppm) legt eine Umsetzung dieses Initiators nahe.

In gleichem Maße ist im aromatischen Bereich des Spektrums (linke Seite Abbildung 18) ein Anstieg zweier Signale zu erkennen (6.57 und 5.72 ppm), die die Bildung des neuen (4,6-Dimethylpyridin-2-yl)methyl-Initiators am Komplex 40 bestätigen. Auch die Bildung neuer aromatischer Signale, die dem Liganden zugeordnet werden können, beweist die Entstehung des Komplexes 40. Die Umsetzung zu Komplex 40 ist nach 20 Stunden quantitativ. Analog zu dieser ¹H-NMR-Kinetik wurde eine für die C-H-Aktivierung von 2,3,5,6-Tetramethylpyrazin bei 60 °C durchgeführt. Auch hier konnte der Komplex 7 innerhalb von 20 Stunden bei 60 °C quantitativ zum Komplex 41 mit (Dimethylpyrazin-diyl)dimethyl-Initiator umgesetzt werden.

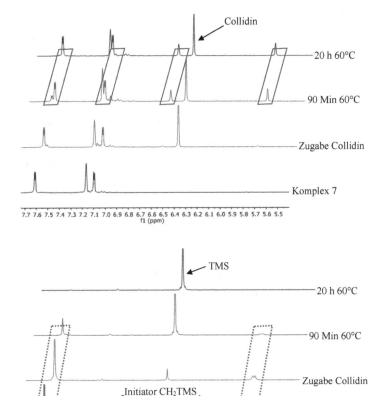

Abbildung 18: ¹H-NMR-Kinetik zur C-H-Bindungsaktivierung von 2,4,6-Trimethylpyridin (Collidin) mit Komplex **7** in C₆D₆. Oben: Aromatischer Bereich im ¹H-NMR-Spektrum (5.4-7.7 ppm). Bildung des Komplexes **40**. Unten: Aliphatischer Bereich im ¹H-NMR-Spektrum (-0.55-0.55 ppm). Abnahme der Intensität der Signale des CH₂TMS-Initiators von Komplex **7** und Bildung von Tetramethylsilan (TMS).

Da durch zeitaufgelöste ^{1}H-NMR-Experimente gezeigt werden konnte, dass eine C-H-Bindungsaktivierung von 2,4,6-Trimethylpyridin und von 2,3,5,6-Tetramethylpyrazin durch Komplex 7 quantitativ möglich ist, wurden beide Experimente in größerem Maßstab in Toluol durchgeführt (siehe Schema 19). Nach Reaktion über Nacht bei 60 °C konnten beide Komplexe isoliert werden. Während der Komplex **41** mit dem Dimethylpyrazin-diyl-Initiator sich durch Waschen mit Pentan aufreinigen ließ, musste der analoge Komplex **40** mit Dimethylpyridinyl als Initiator aus Pentan umkristallisiert werden, was zu einer geringeren Ausbeute führt. Beide Komplexe konnten in moderaten Ausbeuten als gelb-orangefarbene Feststoffe erhalten werden.

Analytische Untersuchungen von Komplex **40** wurden durchgeführt, um die genaue Struktur des Komplexes zu charakterisieren. Ein ^{1}H-NMR-Spektrum sowie eine durchgeführte Elementaranalyse ließen auf die vermutete Struktur schließen (siehe Schema 19). Im ^{1}H-NMR-Spektrum (siehe Abbildung 19) zeigt sich, dass ein THF-Molekül (3.77-3.64 ppm und 1.18–1.09 ppm) als Ligand ans Metallzentrum koordiniert. Ist das ^{1}H-NMR-Spektrum hinreichend gut aufgelöst, so ist eine Aufspaltung des Signals bei 2.80 ppm, welches zwei aliphatischen Protonen entspricht, in ein Dublett mit einer Kopplungskonstante von $J = 2.9$ Hz zu erkennen. Diese ^2J-Kopplung ist auf eine Wechselwirkung zwischen der C-H-aktivierten Bindung des 2,4,6-Trimethylpyridin und dem Yttriumzentrum zurückzuführen, analog zur Kopplung zwischen Yttrium und Alkylinitiator, und zeigt, dass der Initiator über eine C(sp^3)-H-aktivierte Bindung an den Komplex koordiniert. Auch im ^{13}C-NMR-Spektrum ist eine Wechselwirkung eines aliphatischen C-Atoms (52.50 ppm) mit dem Yttrium-Atom zu erkennen ($^1J = 6.0$ Hz).

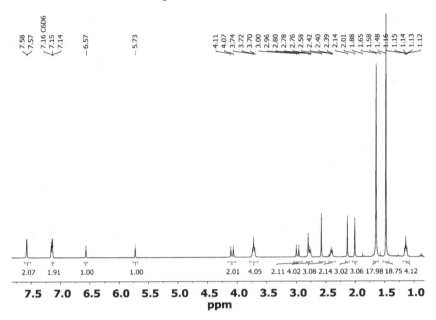

Abbildung 19: ^{1}H-NMR-Spektrum von $(ONOO)^{tBu}Y((4,6\text{-dimethylpyridin-2-yl})methyl)(THF)$ **(40)** in C_6D_6.

Kristalle vom Komplex **40**, die für eine kristallographische Analyse geeignet waren, wurden durch langsame Diffusion von Pentan in eine gesättigte Lösung des Komplexes in THF bei Raumtemperatur erhalten. Die Kristallstruktur ist in Abbildung 20 dargestellt. Der Komplex kristallisiert entgegen der Erwartung ohne THF als Ligand, da NMR-Spektren vom amorphen Feststoff eine Koordination von THF an das Metallzentrum zeigen. Das Yttrium-Zentrum ist daher im Gegensatz zu **7** siebenfachkoordiniert und nicht wie erwartet achtfach. Die drei Koordinationsstellen zum (4,6-Dimethylpyridin-2-yl)methyl-Initiator sind in eine Richtung orientiert. Der Aminoalkoxybis(phenolat)-Ligand ordnet sich ähnlich wie im Komplex **7** an. Die drei Bindungen zum Sauerstoff befinden sich äquatorial in einer Ebene, die Bindung zum Stickstoff ist axial angeordnet. Es wird deutlich, dass auch in diesem Komplex der Methoxy-Arm über eine Y-O(Ether)-Bindung an das Metallzentrum koordiniert. Verglichen mit Komplex **7** ist diese (2.3641 Å vs. 2.425 Å) und die Y-N(2)-Bindung

(2.5385 Å vs. 2.576 Å) verkürzt. Die beiden Phenoxy-Gruppen binden mit ähnlichen

Bindungslängen von Y-O(1) = 2.1130 Å und Y-O(2) = 2.1318 Å und sind damit ver-

gleichbar zu denen aus Komplex **7** (gemittelt 2.129 Å).[30] Die Bindungswinkel unter-

scheiden sich jedoch erheblich, da sich in äquatorialer Ebene kein koordiniertes THF

befindet. Die Bindungswinkel zwischen dem Yttriumzentrum und den jeweiligen be-

nachbarten Sauerstoffatomen in äquatorialer Position sind in Komplex **40** (123.02°,

119.74°, 99.09°) größer als in Komplex **7** (91.71°, 89.95°, 86.18°, 85.00°). Die Bin-

dungswinkel zwischen den Sauerstoff-Atomen des Liganden in äquatorialer Ebene,

dem Yttrium und dem Stickstoffatom sind sehr ähnlich zu denen im Ausgangskom-

plex, was eine ebenfalls analoge Koordination des Liganden um das Metallzentrum

bestätigt.[30]

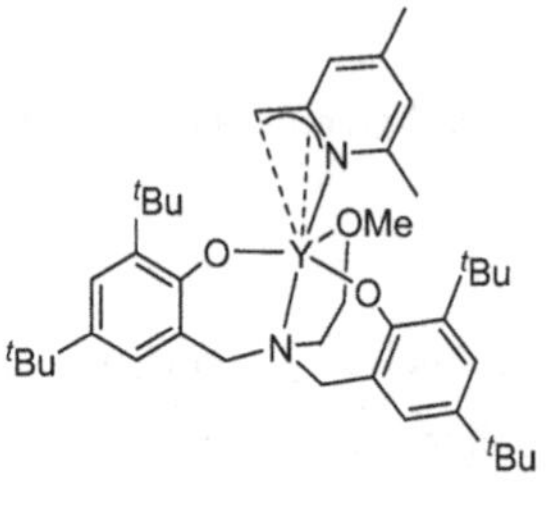

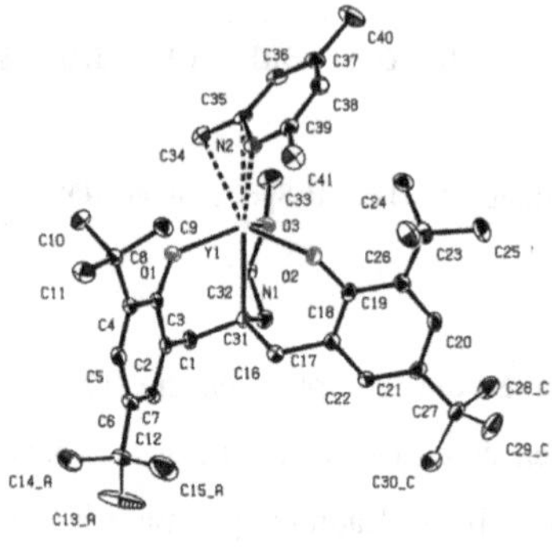

Abbildung 20: Kristallstruktur von (ONOO)[tBu]Y((4,6-dimethylpyridin-2-yl)methyl)(THF) (**40**). Alle Wasserstoffatome wurden zur Übersichtlichkeit ausgelassen. Ausgewählte Bindungslängen (Å) und Bindungswinkel (°): Y(1)-O(1), 2.1130(15); Y(1)-O(2), 2.1318(16); Y(1)-O(3), 2.3641(16); Y(1)-N(1), 2.5385(19); Y(1)-N(2), 2.3950(19); Y(1)-C(34), 2.608(2); Y(1)-C(35), 2.740(2); N(2)-C(35), 1.386(3); N(2)-C(39), 1.361(3); C(34)-C(35), 1.400(4); C(35)-C(36), 1.423(3); C(36)-C(37), 1.362(4); C(37)-C(38), 1.413(4); C(38)-C(39), 1.366(3); C(39)-C(41), 1.493(3); C(37)-C(40), 1.508(4); O(1)-Y(1)-O(2), 119.74(6); O(1)-Y(1)-O(3), 123.02(6); O(2)-Y(1)-O(3), 99.09(6); O(1)-Y(1)-N(2), 101.00(6); O(2)-Y(1)-N(2), 91.60(6); O(3)-Y(1)-N(2), 119.01(6); O(1)-Y(1)-N(1), 78.79(6); O(2)-Y(1)-N(1), 78.30(6); O(3)-Y(1)-N(1), 69.71(6); N(1)-Y(1)-N(2), 167.93(6); O(1)-Y(1)-C(34),

91.17(7); O(2)-Y(1)-C(34), 140.21(7); O(3)-Y(1)-C(34), 81.17(7); N(2)-Y(1)-C(34), 55.94(7); N(1)-Y(1)-C(34), 135.98(7); O(1)-Y(1)-C(35), 108.77(6); O(2)-Y(1)-C(35), 110.75(6); O(3)-Y(1)-C(35), 91.93(6); N(2)-Y(1)-C(35), 30.37(6); N(1)-Y(1)-C(35), 160.94(6); C(34)-Y(1)-C(35), 30.22(8); N(2)-C(35)-C(34), 118.6(2); N(2)-C(39)-C(41), 114.9(2).

Entscheidend für die C-H-Bindungsaktivierung ist die Koordination des (4,6-Dimethylpyridin-2-yl)methyl-Initiators an das Metallzentrum. Die Y-N-Bindung ist kürzer als die Y-C-Bindungen, folglich ist der Initiator primär über die Y-N-Bindung koordiniert. Die Bindungswinkel im Heteroaromaten betragen weiterhin etwa 120°, demnach liegt keine Verzerrung der Struktur vor. Die C-C-Bindungslängen im aromatischen Ring sind ähnlich und liegen im Bereich zwischen einer Doppelbindung und einer Einfachbindung, wie es bei aromatischen Verbindungen zu erwarten ist (1.362 – 1.423 Å) (siehe Abbildung 21). Auffällig ist, dass die C(sp^3)-H-aktivierte Methylgruppe ebenfalls eine geringe Bindungslänge von 1.400 Å aufweist, somit einen Doppelbindungscharakter besitzt und der Initiator dadurch über eine η^3-(C,C,N)-Aza-Allylische Bindung an das Yttriumzentrum koordiniert. Die beiden anderen Methylgruppen haben mit einer längeren Bindungslänge von 1.493 Å und 1.508 Å Einzelbindungscharakter und sind daher nicht in dem konjugierten System integriert.

Diese η^3-(C,C,N)-Aza-Allylische Bindung ist dabei ein Intermediat zwischen einer η^2-Alkyl-Amin und einer η^1-Amido-Olefin-Koordination, wie sie auch *Teuben et al.* in ihrem C-H-bindungsaktivierten Bis(alkoxysilylamido)yttrium-pyridyl-Komplex **14** beschreiben.[47] Ähnliche Bindungsverhältnisse zeigen sich auch bei anderen *ortho*-Alkylpyridinen, jedoch sind bei allen anderen C-H-bindungsaktivierten Methylgruppen die Bindungslängen zwischen dem C-Atom der Methylgruppe und dem Pyridinring länger (1.420 bis 1.472 Å). Demnach hat die Bindung in Komplex **40** einen höheren Doppelbindungscharakter und liegt gemeinsam mit dem aromatischen Ring konjugiert vor (siehe Abbildung 21).[73-74] Obwohl alle Bindungen im konjugierten System durch die geringe Bindungslänge einen Doppelbindungscharakter aufweisen, so ist auffällig, dass die Bindung, die in Abbildung 21 markiert ist, länger als erwartet ist (1.423 Å). Diese ist sogar länger als die der Bindung der C-H-aktivierten Methylgruppe (1.400 Å). Es kommt durch die σ-Bindungsmetathese durch Konjugation der Methylgruppe mit dem Ring zu einer Verringerung der Aromatizität des Pyridin-Ringes. Die Elektronendichte ist an dieser Bindung des Ringes verringert, wodurch dessen Einzelbindungscharakter erhöht ist.

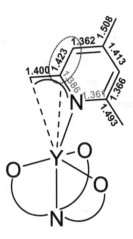

Abbildung 21: Bindungslängen des (4,6-Dimethylpyridin-2-yl)methyl-Initiators des Komplexes **40**. C-C-Bindungslängen (schwarz) und N-C-Bindungslängen (grau) sind in Å angegeben.

Es wurden ebenfalls analytische Untersuchungen des isolierten bimetallischen Komplexes [(ONOO)^{tBu}Y(THF)]$_2$((dimethylpyrazin-diyl)dimethyl) (**41**) durchgeführt. Im ^{1}H-NMR-Spektrum ist zu erkennen, dass pro Metallzentrum ein THF-Molekül koordiniert, da die Signale des Liganden und des THF-Moleküls (3.85 ppm und 1.20 ppm) im Verhältnis 1:1 stehen.

Die aromatischen Protonen des Liganden überlagern dabei zum Teil mit dem Restprotonensignal des deuterierten Lösungsmittels Benzol (7.16 ppm). Ein aliphatisches Signal konnte bei 2.44 ppm durch sein Integral, die Aufspaltung als Dublett und durch die reativ kleine Kopplungskonstante (Wechselwirkung zwischen Yttrium und den Protonen) als zwei C-H-aktivierte Methylgruppen identifiziert werden (siehe Abbildung 22). Dieses wurde ebenfalls durch 2D-NMR-Studien

bestätigt. Es zeigt sich, dass eine zweifache σ-Bindungsmetathese an einem 2,3,5,6-
Tetramethylpyrazin-Molekül durch zwei Metall-Komplexe stattfindet und sich ein bimetallischer Komplex bildet. Dieses steht in Übereinstimmung mit einer durchgeführten Elementaranalyse. Es kann über NMR-Spektroskopie aber nicht geklärt werden, an
welchen Methylgruppen die C-H-Bindungsaktivierung stattgefunden hat. Für die Signale des Liganden und des Initiators ist jedoch nur ein Signal-Set im ^{1}H-NMR-
Spektrum zu erkennen. Folglich muss es sich um einen symmetrischen Komplex han-
deln, der nur in der Form **41a** oder **41b** vorliegt.

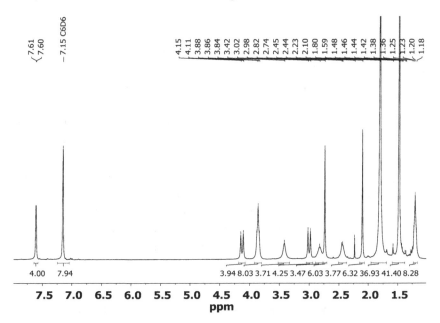

Abbildung 22: ^{1}H-NMR-Spektrum von [(ONOO)^{tBu}Y(THF)]$_2$((dimethylpyrazin-diyl)dimethyl) (**41**)
in C$_6$D$_6$.

Kristalle vom Komplex **41** wurden ebenfalls durch Diffusion von Pentan in eine Lösung des Komplexes in THF bei Raumtemperatur erhalten. Die Kristallstruktur ist in
Abbildung 23 dargestellt.

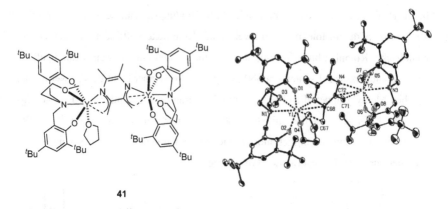

41

Abbildung 23: Kristallstruktur des bimetallischen Komplexes [(ONOO)^{tBu}Y(THF)]$_2$((dimethylpyrazin-diyl)dimethyl) (**41**). Alle Wasserstoffatome wurden zur Übersichtlichkeit weggelassen. Ausgewählte Bindungslängen (Å) und Bindungswinkel (°): Y(1)-O(1), 2.1292(15); Y(1)-O(2), 2.1410(15); Y(1)-O(3), 2.4460(16); Y(1)-O(4), 2.4284(16) Y(1)-N(1), 2.6047(19); Y(1)-N(2), 2.4055(19); Y(1)-C(67), 2.637(2); Y(1)-C(68), 2.689(2); Y(2)-O(5), 2.1478(15); Y(2)-O(6), 2.1415(15); Y(2)-O(8), 2.4291(16); Y(2)-O(7), 2.4610(16) Y(2)-N(3), 2.5961(19); Y(2)-N(4), 2.3879(19); Y(2)-C(71), 2.629(2); Y(2)-C(72), 2.708(2); N(2)-C(68), 1.363(3); N(2)-C(69), 1.399(3); N(4)-C(72), 1.362(3); N(4)-C(73), 1.394(3); C(67)-C(68), 1.288(3); C(68)-C(72), 1.471(3); C(69)-C(73), 1.353(3); C(69)-C(70), 1.500(3); C(71)-C(72), 1.392(3); C(73)-C(74), 1.505(3); O(1)-Y(1)-O(2), 153.31(6); O(1)-Y(1)-O(3), 88.36(6); O(1)-Y(1)-O(4), 82.62(6); O(2)-Y(1)-O(3), 86.91(6); O(2)-Y(1)-O(4), 87.64(6); O(3)-Y(1)-O(4), 148.08(6); O(1)-Y(1)-N(2), 97.33(6); O(2)-Y(1)-N(2), 108.25(6); O(3)-Y(1)-N(2), 83.96(6); O(4)-Y(1)-N(2), 127.47(6); O(1)-Y(1)-N(1), 76.81(6); O(2)-Y(1)-N(1), 77.08(6); O(3)-Y(1)-N(1), 67.74(6); O(4)-Y(1)-N(1), 80.38(6); N(1)-Y(1)-N(2), 151.09(6).

Wie nach vorangegangenen NMR-Untersuchungen erwartet, besitzt der Komplex eine bimetallische Struktur. Im Vergleich zu Komplex **40** koordiniert ein THF-Molekül und die Methoxygruppe des Seitenarms an das Metallzentrum, wodurch jedes der beiden Zentren achtfach koordiniert ist. Die drei Bindungen zum (Dimethylpyrazin-diyl)dimethyl-Initiator sind äquatorial ausgerichtet. Die Koordination des Liganden und des THF ist oktaedrisch angeordnet, wobei die Y-O-Bindungen äquatorial liegen und die Y-N-Bindung axial ist. Es ist auffällig, dass die Kristallstruktur eine verzerrte

Spiegelsymmetrie besitzt, da sowohl die beiden THF-Liganden als auch die beiden Seitenarme in die gleiche Richtung koordiniert sind. Die Bindungslängen, ausgehend von den beiden Yttriumzentren, sind sehr ähnlich, wodurch im folgenden nur die Bindungslängen und –winkel eines Metallzentrums betrachtet werden.

Entscheidend für die C-H-Bindungsaktivierung ist die Koordination des Initiators an das Metallzentrum. Die Y-N-Bindung ist kürzer als die der Y-C-Bindungen, folglich ist der Initiator primär über die Y-N-Bindung koordiniert. Die zwei $C(sp^3)$-H-aktivierten Methylgruppen besitzen eine geringe Bindungslänge von nur 1.388 und 1.392 Å und liegen damit im Bereich zwischen einer Einzelbindung und einer Doppelbindung. Der Initiator koordiniert demnach über zwei η^3-(C,C,N)-Aza-Allylische Bindungen an die beiden Yttriumzentren. Diese beiden Methylgruppen liegen im Pyrazin-Molekül auf einer Seite und sind nicht gegenüber angeordnet, wodurch deutlich wird, dass vorzugsweise Komplex **41b** kristallisiert. Obwohl alle Bindungen im aromatischen Ring einen Doppelbindungscharakter zeigen sollten, so ist überraschend, dass die Bindung, die in Abbildung 24 markiert ist, länger ist als erwartet. Diese besitzt eine Bindungslänge von 1.471 Å und ist damit sogar länger als die der Bindung der C-H-aktivierten Methylgruppen (1.388 Å). Dieses führt wie bei Komplex **40** zu einem Verlust der Aromatizität des Pyrazin-Ringes zugunsten einer höheren Konjugation mit den beiden Methylgruppen.

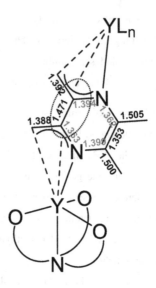

Abbildung 24: Bindungslängen des Dimethylpyrazin-diyl)dimethyl-Initiators des Komplex **41**. C-C-Bindungslängen (schwarz) und N-C-Bindungslängen (grau) sind in Å angegeben.

Es konnte gezeigt werden, dass sowohl die C-H-Bindungsaktivierung eines sp^3-Kohlenstoffatoms von Collidin als auch eine zweifache C-H-Aktivierung im 2,3,5,6-Tetramethylpyrazin mit Komplex **7** möglich ist. Sowohl bei Komplex **40** als auch bei Komplex **41** wird der neue Initiator über η^3-(C,C,N)-Aza-Allylische Bindungen an das Metallzentrum koordiniert.

Dieses geschieht unter Aufhebung der Aromatizität des Pyridin/Pyrazin-Ringes mit gleichzeitiger Vergrößerung des delokalisierten Systems, in das die C-H-aktivierten Methylgruppen integriert sind. Bei Komplex **41** findet die C-H-Bindungsaktivierung an zwei nebeneinander liegenden Methylgruppen statt (Komplex **41b**), wodurch im Gegensatz zu C-H-Aktivierungen auf gegenüberliegenden Seiten (Komplex **41a**) ein vergrößertes konjugiertes System entsteht. Alle wesentlichen Bindungslängen der Komplexe **40** und **41** sind in Tabelle 2 gegenübergestellt. Der Initiator ist bei beiden Komplexen über ähnliche Bindungslängen an das Yttriumzentrum koordiniert. In

Komplex **40** ist die Bindung zwischen Yttrium und dem Kohlenstoffatom länger, wohingegen die Bindung zwischen der C-H-aktivierten Bindung und dem Yttriumzentrum in Komplex **41** länger ist. Insgesamt wird deutlich, dass die konjugierten Bindungen im Pyrazin-Initiator (Komplex **41**) kürzer sind als die analogen Bindungen im Collidin-Initiator. Durch die zweifache C-H-Bindungsaktivierung kommt es zu einer höheren Delokalisierung der Elektronen und damit zu einer Verkürzung der Bindungen. Die Aromatizität wird in diesem Initiator in größerem Maße verringert als bei einer einfachen C-H-Bindungsaktivierung am Collidin.

Tabelle 2: Ausgewählte Bindungslängen zwischen dem Yttriumzentrum und dem Initiator sowie im Initiator für Komplex **40** und **41**. In Klammern: Bindungslängen im Pyridin/Pyrazin-Ring, die eine Ausnahme darstellen.

Bindung	Bindungslängen Komplex 40 [Å]	Bindungslängen Komplex 41 [Å]
Y-N (Initiator)	2.395	2.406
Y-C_1 (Ring)	2.740	2.689
Y-C_2 (Methylgruppe)	2.608	2.637
C_1-C_2 (Ring-Methylgruppe)	1.400	1.388
N-C_1 (Ring)	1.386	1.363
C-C (aromatisch)	1.362, 1.413, 1.366, (1.423)	1.353, (1.471)

Da eine C-H-Bindungsaktivierung von 2,4,6-Trimethylpyrdidin und 2,3,5,6-Tetramethylpyrazin erfolgreich über Alkylyttrium-mediierte σ-Bindungsmetathese mit dem Komplex (ONOO)^{tBu}Y(CH$_2$TMS)(THF) (**7**) durchgeführt werden konnte, sollte dieses ebenfalls mit dem analogen Lutetium-Komplex **35** untersucht werden. Es wurden auch hier zeitaufgelöste ^{1}H-NMR-Experimente nach Schema 20 durchgeführt, um sowohl die Umsetzung mit 2,4,6-Trimethylpyrdidin als auch mit 2,3,5,6-Tetramethylpyrazin untersuchen zu können.

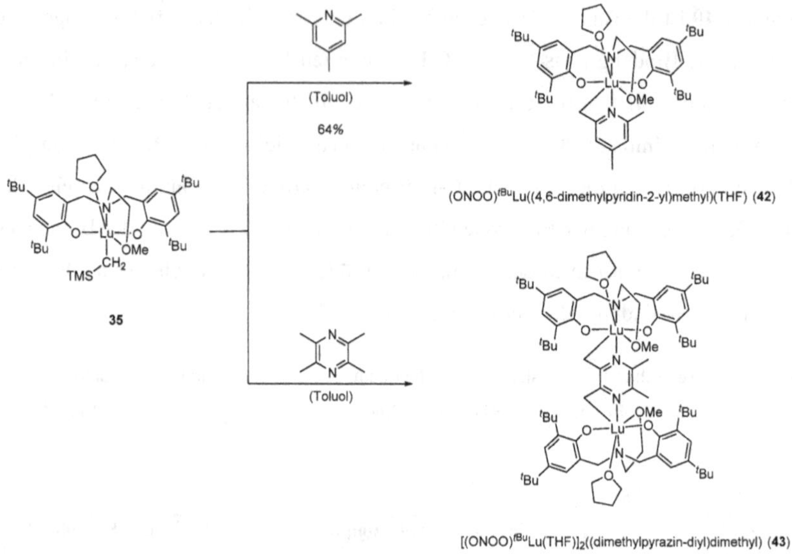

Schema 20: Synthese von Komplex 42 und 43 durch C-H-Bindungsaktivierung von Pyridinderivaten über σ-Bindungsmetathese von Komplex 35.

Abbildung 25 zeigt das zeitaufgelöste ^{1}H-NMR-Experiment der Reaktion von Komplex 35 mit 2,4,6-Trimethylpyridin. Die aufgenommenen ^{1}H-NMR-Spektren bei Raumtemperatur zeigten nur geringe Neigungen zur C-H-Aktivierung. Die Signale des CH$_2$TMS-Initiators nehmen nicht an Intensität ab, wodurch keine Umsetzung des Initiators beobachtet wird. Erst die Erhöhung der Temperatur auf 60 °C machte eine C-H-Bindungsaktivierung von Collidin möglich. Die Signale des CH$_2$TMS-Initiators (Singulett bei 0.51 ppm und -0.50 ppm) verringern sich und durch Bildung von Tetramethylsilan (Signal bei 0.00 ppm) liegt eine Umsetzung dieses Initiators nahe. In gleichem Maße ist im aromatischen Bereich des Spektrums (linke Seite Abbildung 25) ein Anstieg zweier Signale zu erkennen (5.81 und 6.63 ppm), die die Bildung des neues (4,6-Dimethylpyridin-2-yl)methyl-Initiators am Komplex 42 bestätigen. Nachdem für 4 Tage bei 60 °C gerührt wurde, konnte der Komplex trotzdem nicht mit quantitativem Umsatz erhalten werden. Aus diesem Grund wurde die Temperatur auf 80 °C erhöht und nach weiteren 30 Stunden zeigte sich ein quantitativer Umsatz. Für die Herstellung des Komplexes **42** wurden daher 1.0 Äquivalente des Komplex **35** mit 1.0 Äquivalenten Collidin für eine Woche bei 80 °C in Toluol umgesetzt und das gewünschte Produkt in einer Ausbeute von 64% als gelber Feststoff erhalten.

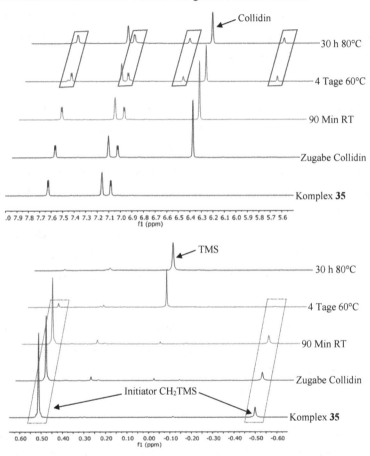

Abbildung 25: ^{1}H-NMR-Kinetik zur C-H-Bindungsaktivierung von 2,4,6-Trimethylpyridin (Collidin) mit Komplex **35** in C_6D_6. Links: Aromatischer Bereich im ^{1}H-NMR-Spektrum (5.5-8.0 ppm). Bildung des Komplexes **42**. Rechts: Aliphatischer Bereich im ^{1}H-NMR-Spektrum (-0.65-0.65 ppm). Abnahme der Intensität der Signale des CH_2TMS-Initiators von Komplex **35** und Bildung von Tetramethylsilan (TMS).

Analog zu dieser ^{1}H-NMR-Kinetik wurden NMR-Experimente für die C-H-Aktivierung von 2,3,5,6-Tetramethylpyrazin mit Komplex **35** zum Komplex **43** durchgeführt. Nachdem bei einer Temperatur bis 60 °C keine quantitative C-H-Bindungsaktivierung durchgeführt werden konnte, wurde die Temperatur auf 80 °C erhöht. Auch dieses führte nach drei Wochen weder zu einem vollständigen Umsatz noch zu einer Zersetzung. Eine weitere Erhöhung auf 90 °C führte anschließend zur Zersetzung des Eduktes. Komplex **43** konnte demnach bis zum jetzigen Zeitpunkt nicht isoliert werden.

Da bei den Lanthanoiden die 4f-Elektronen nur wenig abschirmend wirken, sinkt mit steigender Ordnungszahl durch die wachsende Kernladung der Radius. Die 4f-Elektronen haben zusätzlich keinen Einfluss auf die Bindung zwischen Metall und Ligand, daher kann Lutetium als isoelektronisches Metall zu Yttrium gesehen und der Einfluss des Metallradius auf die Tendenz zur σ-Bindungsmetathese betrachtet werden. Durch die starke Bindung des CH_2TMS-Initiators an das Lutetiumzentrum, welches durch seine höhere Kernladung acider ist, und die stärkere Abschirmung des kleineres Metalls durch den Liganden, findet eine C-H-Bindungsaktivierung mit Collidin nur erschwert statt. Der Lutetium-Tetramethylpyrazin-Komplex **43** konnte bis jetzt nicht erhalten werden.

Zusätzlich wurde die Möglichkeit der C-H-Bindungsaktivierung mit den unsymmetrisch substituierten Komplexen **36-38** untersucht. Auch hier wurden zeitaufgelöste [1]NMR-Kinetiken für alle diese Komplexe mit Collidin und mit Tetramethylpyrazin durchgeführt. Tabelle 3 fasst die Ergebnisse der NMR-Studien mit allen Komplexen zusammen. Auch hier zeigt sich, dass C-H-Bindungsaktivierungen von Collidin schneller und bei geringeren Temperaturen mit quantitativem Umsatz möglich sind. Während die Komplexe **36** und **37** dieses schon bei Raumtemperatur aktivieren können, ist die C-H-Aktivierung von Tetramethylpyrazin erst bei erhöhter Temperatur nur nach längerer Zeit möglich. Trotzdem ist bei allen Reaktionen mit den Komplexen **36** und **37** ein quantitativer Umsatz der Heteroaromaten möglich. Im Gegensatz dazu konnte mit dem dimeren Komplex **38** keine quantitativen C-H-Bindungsaktivierungen durchgeführt werden. Sowohl mit Collidin als auch mit Tetramethylpyrazin konnte nach mehreren Wochen bei Raumtemperatur nur ein Umsatz von etwa 50% erreicht werden. Eine NMR-Kinetik mit erhöhter Temperatur (60 °C) führte nach kurzer Zeit zu einer Zersetzung des Eduktes. Aus zeitlichen Gründen wurde in dieser Arbeit nur der Komplex (ONOO)^{tBu,CMe_2Ph}Y((4,6-dimethylpyridin-2-yl)methyl (**44**) isoliert.

Tabelle 3: C-H-Bindungsaktivierungen von Collidin und Tetramethylpyrazin mit den unsymmetrischen Komplexen **36-38** bei angegebener Temperatur. Abkürzung von Tetramethylpyrazin mit TMPy. Die Liganden wurden bei den Ausgangskomplexen zur Übersichtlichkeit abgekürzt.

Ausgangskomplex	Pyridin-Derivat	Temperatur	Zeit	Quantitativ möglich?	Ausbeute
Y^{tBu,CMe_2Ph}CH$_2$TMS (**36**)	Collidin	RT	6 Tage	Ja	48% (**44**)
Y^{tBu,CMe_2Ph}CH$_2$TMS (**36**)	TMPy	60 °C	8 Tage	Ja	
Y^{tBu,tBu,CPh_3}CH$_2$TMS (**37**)	Collidin	RT	12 h	Ja	
Y^{tBu,tBu,CPh_3}CH$_2$TMS (**37**)	TMPy	60 °C	3 Tage	Ja	
Y^{Me,CMe_2Ph}CH$_2$TMS (**38**)	Collidin	RT	3 Wochen	Nein	
Y^{Me,CMe_2Ph}CH$_2$TMS (**38**)	Collidin	60 °C	1 Tag	Zersetzung	
Y^{Me,CMe_2Ph}CH$_2$TMS (**38**)	TMPy	RT	3 Wochen	Nein	

Da die Koordination des Collidin-Initiators an das Metallzentrum für die Komplexe **42** und **44** nicht über NMR-Spektroskopie geklärt werden konnte, werden bei diesen beiden Komplexen keine allylischen Bindungen in die angenommenen Strukturen eingezeichnet.

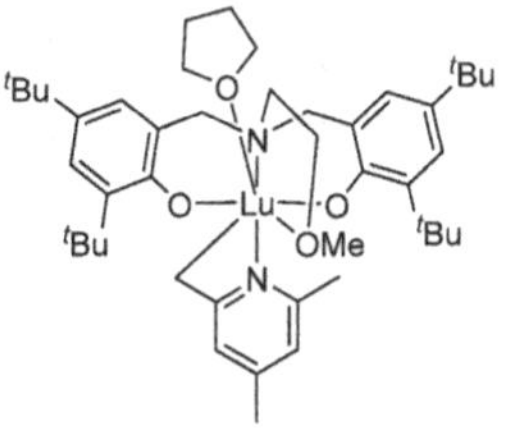

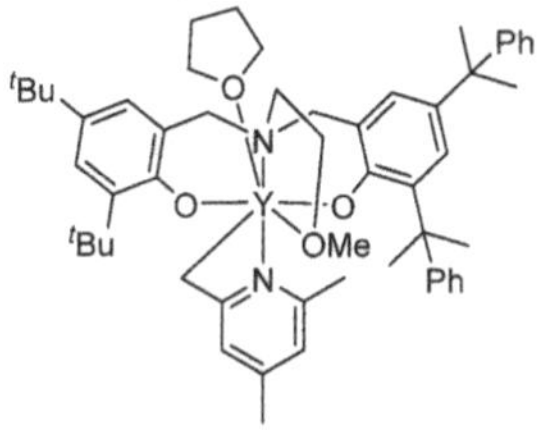

Abbildung 26: Über C-H-Bindungsaktivierung synthetisierte Komplexe **42** und **44**.

4.3   Seltenerdmetall-katalysierte Gruppentransferpolymerisation

4.3.1   Kinetische Studien und Aktivitätsvergleiche

Mit den neu synthetisierten Komplexen **35-38**, **40-42** und **44** sollte die Seltenerd-mediierte Gruppentransferpolymerisation von verschiedenen *Michael*-Monomeren in Bezug auf das Substitutionsmuster im Liganden, das Metallzentrum und den Initiator vergleichend mit dem literaturbekannten Komplex $(ONOO)^{tBu}Y(CH_2TMS)(THF)$ **(7)** untersucht werden. Dabei sollen bei den Polymerisationen von 2-Vinylpyridim, *N,N*-Dimethylacrylamid und Diethylvinylphosphonat die auftretenden Aktivitäten, Initiato-reffektivitäten und die Polydispersitäten der erhaltenen Polymere betrachtet werden.

Zur Bestimmung von Umsätzen und kinetischen Parametern werden bei der Polymeri-sation von 2-Vinylpyridin in regelmäßigen Zeitabständen Proben aus dem Polymerisa-tionsansatz entnommen und die Polymerisation durch Zugabe von Methanol beendet. Die Proben werden getrocknet und der Umsatz über Gravimetrie bestimmt. Absolute Molmassen und Molmassenverteilungen werden für jede Probe im Anschluss über Gelpermeationschromatographie ermittelt. Um den Einfluss des Substitutionsmusters auf die Aktivität der Polymerisation zu untersuchen, wurden kinetischen Studien mit dem Komplex **7** und den unsymmetrisch substituierten Komplexen **36-38** durchgeführt (siehe Abbildung 27).

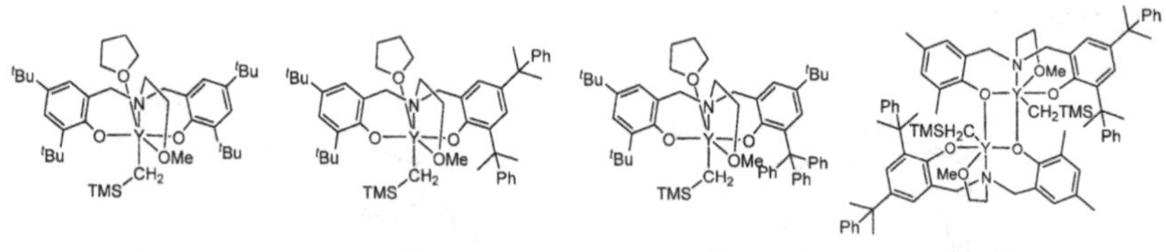

Abbildung 27: Komplexe **7** und **36-38**, die in der Polymerisation von 2-Vinylpyridin untersucht wur-den.

Wird der Umsatz gegen die Zeit aufgetragen, können die Polymerisationen bezüglich ihrer Aktivität (TOF) gegenübergestellt werden. Im Vergleich zu Komplex **7** (schwarzer Graph; Abbildung 28) zeigen die beiden unsymmetrisch substituierten Komplexe (ONOO)^{tBu,CMe_2Ph}Y(CH$_2$TMS)(THF) **(36)** und (ONOO)^{tBu,tBu,CPh_3}Y(CH$_2$TMS)(THF) **(37)** (grauer und gestrichelter Graph) geringere Aktivitäten (TOF = 310 und 270 h^{-1}) und eine kurze Initiationszeit, welches durch die sterisch anspruchsvollere Katalysatorumgebung hervorgerufen wird. Nach spätestens 90 Minuten war bei allen Polymerisationen der Umsatz an Monomer quantitativ. Der sterisch anspruchsvollere Trityl-Rest in Komplex **37** scheint dabei nur einen geringeren Einfluss auf die Aktivität des Komplexes zu haben, da der Komplex mit der kleineren Cumyl-Gruppe im Phenol-Ring eine ähnliche Aktivität besitzt.

Polymerisationen mit 2-Vinylpyridin katalysiert durch den dimeren Komplex [(ONOO)^{Me,CMe_2Ph}Y(CH$_2$TMS)]$_2$ **(38)** zeigen eine lange Induktionszeit von circa 2 Stunden. Dieses ist auf die dimere Komplexstruktur zurückzuführen, da der Komplex durch Dissoziation zunächst in seine aktive Form überführt werden muss und somit eine Koordination des Monomers erschwert ist. Mit einer TOF von 50 h^{-1} ist das Monomer erst nach 6.5 Stunden vollständig umgesetzt.

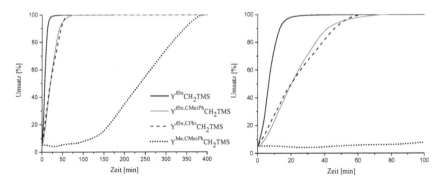

Abbildung 28: (Rechts) Umsatzkurve für Katalysatoren **7** (schwarz) und **36-38** (grau, gestrichelt, gepunktet) für die Polymerisation von 2VP. (Links) Ausschnitt aus dieser Umsatzkurve.

Wird die Aktivität auf die Zahl der aktiven Zentren normiert, so ergibt sich eine normierte TOF* (TOF/I*). Diese ermöglicht Auskunft über die Aktivität der Metallzentren, die tatsächlich an der Polymerisation beteiligt sind. Tabelle 4 gibt eine Übersicht über die erhaltenen Aktivitäten, Initiatoreffektivitäten und Polydispersitäten der P2VP-Proben hergestellt durch die Katalysatoren **36-38** im Vergleich zu Komplex **7**. Alle unsymmetrisch substituierten Katalysatoren zeigen ähnliche normierte Aktivitäten in Bezug auf die aktiven Metallzentren. Die geringe TOF des Katalysators **38** kann daher über die notwendige Dissoziation der dimeren Struktur erklärt werden, da nur ein Bruchteil der Metallzentren (ca. 10%) aktiv in der Polymerisation sind. Dieses spiegelt sich auch in den Polydispersitäten wider. Alle anderen erhaltenen Polymere besitzen sehr schmale Molmassenverteilungen (1.00-1.06).

Im Vergleich der Initiatoreffektivitäten der monometallischen Komplexe zeigt sich eine Abnahme von I* mit erhöhter sterischer Katalysatorumgebung. Der sterische Anspruch der Substituenten in *ortho*-Position des Phenol-Ring hat demnach bei Verwendung eines Alkyl-Initiators Einfluss auf die Initiatoreffektivität.

Tabelle 4: Polymerisationsergebnisse für 2VP mit Katalysator **7** und **36-38**. Reaktion mit [2VP] = 2.7 mmol, [2VP]/[Kat.] = 200/1, bei 25 °C in 2 mL Toluol. Umsätze wurden über ^{1}H-NMR-Spektroskopie bestimmt.[a] Molmassen wurden über GPC-MALS bestimmt.[b] M_w/M_n.[c] $M_{n,ber}/M_{n,gef}$ für linearen Anstieg im Umsatzdiagramm.[d] [2VP]/[Kat.] = 400/1.

[Kat.]	Zeit [min]	Umsatz [%]	$M_{n,ber}$ (x 10^4) [g/mol]	$M_{n,gef}$ (x 10^4)[a] [g/mol]	Đ[b]	I*[c]	TOF [h^{-1}]	TOF* [h^{-1}]
1	7	90	99	2.1	2.3	1.01	0.99	1100	1110
2	36	120	99	2.2	3.9	1.00	0.71	310	440
3	37	165	99	2.0	3.3	1.06	0.76	270	360
4[d]	38	365	99	2.0	13.7	1.18	0.12	50	410

Werden die erhaltenen Molaren Massen aus den kinetischen Studien gegen den Umsatz aufgetragen, so ergibt sich für alle Katalysatoren ein linearer Zusammenhang (siehe Abbildung 29). Somit liegen ausschließlich lebende Polymerisationen vor. Die geringere Initiatoreffektivität des dimeren Komplexes $[(ONOO)^{Me,CMe_2Ph}Y(CH_2TMS)]_2$ hat zur Folge, dass höhere Molaren Massen erhalten werden (gepunkteter Graph).

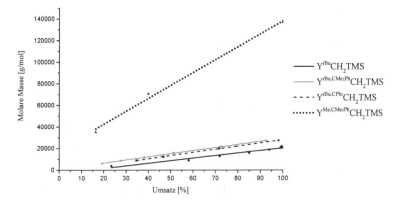

Abbildung 29: Lineares Wachstum der absoluten Molaren Massen (M_n; berechnet über GPC-MALS) als eine Funktion des Monomer-Umsatzes für die Katalysatoren **7** (schwarz), **36** (grau), **37** (gestrichelt) und **38** (gepunktet). Aus Gründen der Übersichtlichkeit werden die Katalysatorstrukturen in der Legende ohne Liganden angegeben.

Über kinetische Studien sollte nicht nur der Einfluss des Substitutionsmusters auf die Aktivität in der Polymerisation von 2-Vinylpyridin, sondern ebenfalls die Auswirkungen eines heteroaromatischen Initiators auf die Polymerisation untersucht werden. Im Abschnitt 4.2 wurden neue Initiatoren mittels Alkyllanthanid-mediierter σ-Bindungsmetathese von Heteroaromaten eingeführt. Die isolierten C-H-bindungsaktivierten Komplexe $(ONOO)^{tBu}Y((4,6\text{-dimethylpyridin-2-yl})methyl)(THF)$ (**40**) und $[(ONOO)^{tBu}Y(THF)]_2((dimethylpyrazin-diyl)dimethyl)$ (**41**) wurden in der GTP von 2-Vinylpyridin getestet und mit dem Alkylinitiator-Komplex **7** mit analoger Ligandenstruktur verglichen (siehe Abbildung 30).

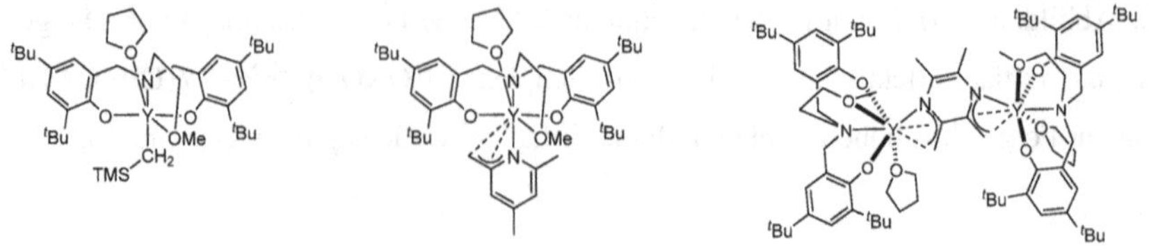

7   40   41

Abbildung 30: Komplexe **7**, **40** und **41**, die in der Polymerisation von 2-Vinylpyridin untersucht wurden.

In Abbildung 31 ist auf der linken Seite die Umsatzkurve der Komplexe **7**, **40** und **41** dargestellt. Es zeigt sich eine höhere Aktivität (TOF) für den Katalysator **7** in der Polymerisation. Bei Betrachtung der normierten Aktivitäten (TOF*) wird deutlich, dass der Komplex **40** mit einer TOF* von $1080\,h^{-1}$ in Bezug auf die aktiven Metallzentren eine ähnliche normierte Aktivität wie der Komplex **7** besitzt, da der Initiator keinen Einfluss auf die normierte Aktivität hat (siehe Tabelle 5). Alle durchgeführten Polymerisationen zeigen dabei einen lebenden Charakter, wie der lineare Zusammenhang zwischen Molarer Masse und Umsatz zeigt, der auf der rechten Seite der Abbildung 31 dargestellt ist.

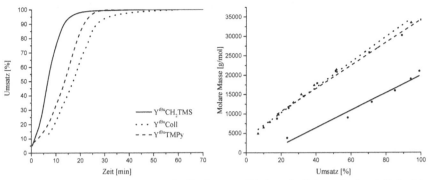

Abbildung 31: (Rechts) Umsatzkurve für Katalysatoren **7** (schwarz), **40** (gepunktet) und **41** (gestrichelt) für die Polymerisation von 2VP. (Links) Lineares Wachstum der absoluten Molaren Massen als eine Funktion des Monomer-Umsatzes. Aus Gründen der Übersichtlichkeit werden die Katalysatorstrukturen in der Legende ohne Liganden und mit abgekürztem Initiator angegeben (Coll = Collidin, TMPy = Tetramethylpyrazin).

Tabelle 5: Polymerisationsergebnisse für 2VP mit Katalysator **7**, **40** und **41**. Reaktion mit [2VP] = 2.7 mmol, [2VP]/[Kat.] = 200/1, bei 25 °C in 2 mL Toluol. Umsätze wurden über ^{1}H-NMR-Spektroskopie bestimmt.[a] Molmassen wurden über GPC-MALS berechnet.[b] M_w/M_n. [c] $M_{n,ber}/M_{n,gef}$ für linearen Anstieg im Umsatzdiagramm.[d] [2VP]/[akt. Zentrum] = 100/1.

[Kat.]	Zeit [min]	Umsatz [%]	$M_{n,ber}$ (x 10^4) [g/mol]	$M_{n,gef}$ (x 10^4)[a] [g/mol]	Đ[b]	I*[c]	TOF [h^{-1}]	TOF* [h^{-1}]
1	7	90	99	2.1	2.3	1.01	0.99	1100	1110
2	40	60	99	2.0	4.1	1.01	0.42	460	1080
3[d]	41	165	99	2.0	3.8	1.06	0.53	320	600

Zusätzlich zu den C-H-Bindungsaktivierungen mit Komplex **7** wurde auch der Collidin-Komplex mit dem unsymmetrischen *tert*-Butyl/Cumyl-Liganden (Komplex **44**) synthetisiert. Dieser wurde bezüglich seiner Aktivität mit dem $(ONOO)^{tBu,CMe_2Ph}Y(CH_2TMS)(THF)$-Komplex (**36**), an dem derselbe Ligand koordiniert, und dem symmetrischen Collidin-Komplex (**40**) gegenübergestellt (siehe Abbildung 32, Abbildung 33 und Tabelle 6).

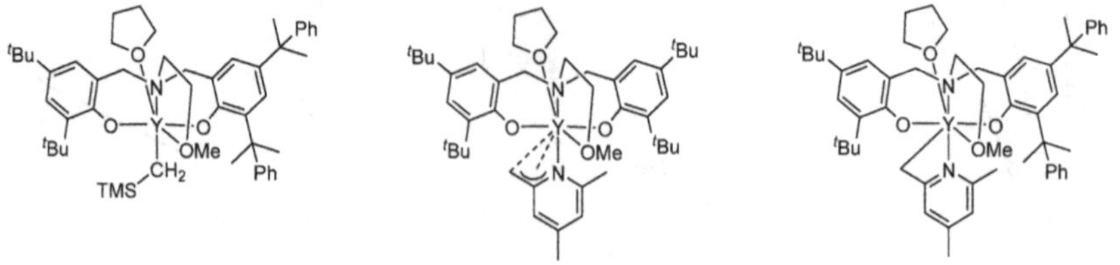

36   **40**   **44**

Abbildung 32: Komplexe **36, 40** und **44,** die in der Polymerisation von 2-Vinylpyridin untersucht wurden.

Durch die geringe Initiatoreffektivität des (4,6-Dimethylpyridin-2-yl)methyl-Initiators ($I^* = 0.42$) ist eine geringere Aktivität ($TOF = 200\ h^{-1}$) zu beobachten (siehe Abbildung 33). Diese ist durch den höheren sterischen Anspruch auch im Gegensatz zum symmetrischen Collidin-Komplex erniedrigt. Im Vergleich der beiden Komplexe mit Collidin-Initiator (**40** und **44**) zeigt sich die gleiche Initiatoreffektivität. Es liegt die Vermutung nahe, dass der Initiationsschritt beim Collidin-Initiator im Gegensatz zum Alkyl-Initiator nicht von dem sterischen Anspruch des Ligandensystems abhängt.

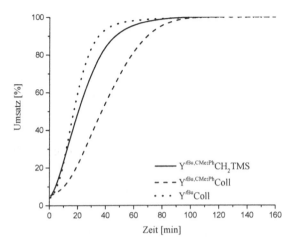

Abbildung 33: Umsatzkurve für Katalysatoren **36** (schwarz), **40** (gepunktet) und **44** (gestrichelt) für die Polymerisation von 2VP. Aus Gründen der Übersichtlichkeit werden die Katalysatorstrukturen in der Legende ohne Liganden und mit abgekürztem Initiator angegeben (Coll = Collidin).

Tabelle 6: Polymerisationsergebnisse für 2VP mit Katalysator **36**, **40** und **44**. Reaktion mit [2VP] = 2.7 mmol, [2VP]/[Kat.] = 200/1, bei 25 °C in 2 mL Toluol. Umsätze wurden über ^{1}H-NMR-Spektroskopie bestimmt.[a] Molmassen wurden über GPC-MALS bestimmt.[b] M_w/M_n.[c] $M_{n,ber}/M_{n,gef}$ für linearen Anstieg im Umsatzdiagramm.

	[Kat.]	Zeit [min]	Umsatz [%]	$M_{n,ber}$ (x 10^4) [g/mol]	$M_{n,gef}$(x 10^4)[a] [g/mol]	Đ[b]	I*[c]	TOF [h^{-1}]	TOF* [h^{-1}]
1	36	120	99	2.2	3.9	1.00	0.71	310	440
2	40	60	99	2.0	4.1	1.01	0.42	460	1080
3	44	180	99	2.0	4.7	1.06	0.42	202	470

Polymerisationen von 2-Vinylpyridin zeigen mit allen isolierten Yttrium-Katalysatoren einen lebenden Charakter und resultierten in niedrigen Polydispersitäten. Die Aktivitäten und Initiatoreffektivitäten sind dabei abhängig vom verwendeten Liganden-System und dem jeweiligen Initiator. Ein größerer sterischer Anspruch in der Nähe des Metallzentrums verringert die Aktivität in der Polymerisation und auch die Initiatoreffektivität des Alkylinitiators wird geringer. Durch die Einführung heteroaromatischer Initiatoren wie Collidin konnte die Abhängigkeit der Initiatoreffektivität verändert werden, da der Collidin- Initiator immer die gleiche Initiatoreffektivität besitzt. Im Fall von 2-Vinylpyridin ist der Alkylinitiator bei allen isolierten Komplexen effektiver als die heteroaromatischen Initiatoren.

Zu Untersuchungen des Einflusses des Metallradius auf die Polymerisationskatalyse wurden analoge Komplexe mit Lutetium als Metallzentrum synthetisiert. Da bei den Lanthanoiden die 4f-Elektronen nur wenig abschirmend wirken, sinkt mit steigender Kernladung (somit auch mit steigender Ordnungszahl) der Radius. Da zusätzlich die 4f-Elektronen nicht bei Metall-Ligand-Bindungen beteiligt sind, kann Lutetium als isoelektronisches Metall zu Yttrium mit einem geringeren Metallradius gesehen werden. Es ist daher möglich, Rückschlüsse auf den Einfluss des Metallradius auf die Polymerisation zu ziehen. Abbildung 34 zeigt die Komplexe **7, 35, 40** und **42**, die in der Polymerisation von 2-Vinylpyridin bezüglich des Einflusses des Metallzentrums und des Initiators vergleichend untersucht wurden.

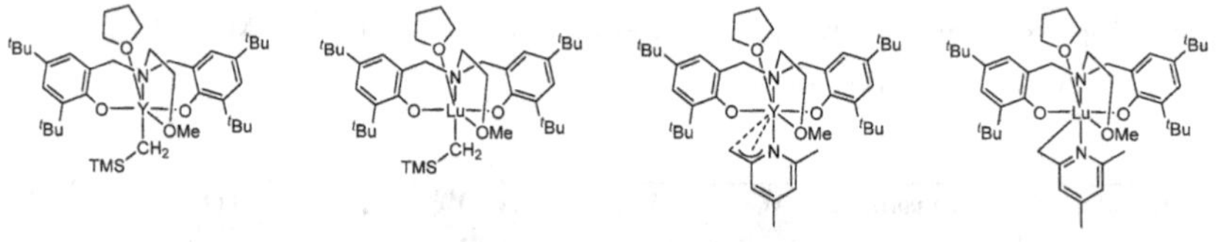

Abbildung 34: Komplexe **7, 35, 40** und **42**, die in der Polymerisation von 2-Vinylpyridin untersucht wurden.

In Abbildung 35 wird die Umsatzkurve (links) und die Auftragung der Molaren Masse gegen den Umsatz (rechts) für die Polymerisation von 2-Vinylpyridin mit beiden Lutetium-Komplexen **35** (CH$_2$TMS-Initiator) und **42** (Collidin-Initiator) sowie den analogen Yttrium-Komplexen **7** und **40** dargestellt. Im Vergleich der beiden Alkyl-Initiator-Komplexe zeigt sich eine geringere Aktivität des Lutetium-Komplexes (TOF = 330 h^{-1}) im Gegensatz zum Yttrium-Komplex (TOF = 1100 h⁻¹). Außerdem ist eine Induktionsphase von etwa 15 Minuten für diesen Komplex und eine sehr geringe Initiatoreffektivität von 0.19 ersichtlich. Durch die höhere Kernladung des Lutetiumzentrums bindet der Initiator stärker an das Metall und die Polymerisation startet nicht sofort oder bei vielen Zentren gar nicht. Auch dadurch, dass der Metallradius kleiner ist und die Polymerisationstasche durch den Liganden schlechter zugänglich ist, kommt es zu einer Erniedrigung der Aktivität und der Initiatoreffektivität.

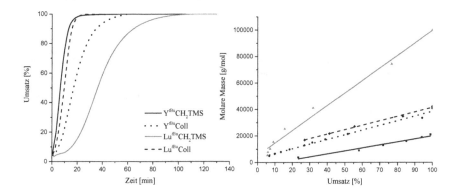

Abbildung 35: (Rechts) Umsatzkurve für Katalysatoren **7** (schwarz), **35** (grau), **36** (gepunktet) und **42** (gestrichelt) für die Polymerisation von 2VP. (Links) Lineares Wachstum der absoluten Molaren Massen als eine Funktion des Monomer-Umsatzes. Aus Gründen der Übersichtlichkeit werden die Katalysatorstrukturen in der Legende ohne Liganden und mit abgekürztem Initiator angegeben (Coll = Collidin).

Wird der Alkylinitiator über C-H-Bindungsaktivierung mit dem Collidin-Initiator ausgetauscht, so ist dieser sehr aktiv in der Polymerisation (siehe Tabelle 7). Dieses ist gegensätzlich zu den Yttrium-Katalysatoren, bei denen der Alkylinitiator höhere Initiatoreffektivitäten für die Polymerisation von 2VP zeigt als die heteroaromatischen Initiatoren. Mit einer TOF von 950 h⁻¹ ist der Komplex **42** nach dem literaturbekannten Yttrium-Komplex einer der aktivsten in der Polymerisation von 2VP. Da auch in diesem Fall die Initiatoreffektivität des Collidin-Initiators bei 0.43 liegt, ergibt sich eine normierte Aktivität von 2210 h⁻¹. Auch für den Lutetium-Komplex mit Alkylinitiator ergibt sich eine hohe normierte TOF von 1750 h[-1], die somit höher ist als die des analogen Yttrium-Komplexes (TOF* = 1110 h[-1]). Die Lutetium-Komplexe sind daher in der homogenen Polymerisationskatalyse von 2-Vinylpyridin die beiden Katalysatoren mit der bisher höchsten dokumentierten Aktivität.

Tabelle 7: Polymerisationsergebnisse für 2VP mit Katalysator **7**, **35**, **40** und **42**. Reaktion mit [2VP] = 2.7 mmol, [2VP]/[Kat.] = 200/1, bei 25 °C in 2 mL Toluol. Umsätze wurden über ^{1}H-NMR-Spektroskopie bestimmt.[a] Molmassen wurden über GPC-MALS bestimmt.[b] M_w/M_n.[c] $M_{n,ber}/M_{n,gef}$ für linearen Anstieg im Umsatzdiagramm.

[Kat.]	Zeit [min]	Umsatz [%]	$M_{n,ber}$ (x 10^4) [g/mol]	$M_{n,gef}$ (x 10^4)[a] [g/mol]	Đ[b]	I*[c]	TOF [h^{-1}]	TOF* [h^{-1}]
1 7	90	99	2.1	2.3	1.01	0.99	1100	1110
2 40	60	99	2.0	4.1	1.01	0.42	460	1080
3 35	130	99	2.1	10.9	1.06	0.19	330	1750
4 42	45	99	2.0	4.9	1.06	0.43	950	2210

Auch andere polare Monomere wurden in Polymerisationsstudien mit den oben genannten Komplexen untersucht. *N,N*-Dimethylacrylamid wurde aufgrund der hohen freiwerdenden Reaktionswärme bei -78 °C polymerisiert. Kinetische Studien wurden daher nicht durchgeführt. Da nicht alle Komplexe bei diesen Temperaturen eine Polymerisation initiieren, wurde das Reaktionsgemisch nach Zugabe bei -78 °C bis zum Einsetzen der Polymerisation erwärmt.

Yttrium-Komplexe mit Alkyl-Initiatoren zeigen bei -78 °C keine Aktivität (Eintrag 1 und 2; Tabelle 8). Erst bei Erwärmung auf -50 °C startete eine Polymerisation, die Komplexe besitzen dabei eine geringe Initiatoreffektivität (I* = 0.11 und 0.15). Durch die verzögerte Polymerisation, die erst durch Erwärmen eingeleitet wird, zeigen die Polymere Polydispersitäten zwischen 1.30 und 1.42. Der Lutetium-CH₂TMS-Komplex **35** (Eintrag 3) zeigt erst bei etwa -20 °C eine Aktivität in der Polymerisation, daher ist die Initiatoreffektivität des Alkyl-Initiators im Fall von Lutetium als Metallzentrum noch geringer als bei den Yttrium-Katalysatoren **7** und **36**. Dieses spiegelt den gleichen Trend wie bei der Polymerisation von 2VP wider. Dadurch steigen die Molmassen des erhaltenen PDMAA auf 577 000 g/mol an. Die Polydispersität ist jedoch mit einem Wert von 1.17 geringer als bei den Yttrium-Katalysatoren **7** und **36**.

Für dieses Monomer zeigte sich eine höhere Initiatoreffektivität für die heteroaromatischen Initiatoren an symmetrischen Yttrium-Komplexen (Eintrag 4 und 5), wodurch diese schon bei niedrigeren Temperaturen (-78 °C) polymerisieren. Vor allem der Tetramethylpyrazin-Initiator zeigt eine sehr hohe Effektivität von 0.89, die wie bei der Polymerisation mit 2-Vinylpyridin größer ist als die des Collidin-Initiators. Durch die sofortige Polymerisation bei -78 °C zeigen sich geringere Polydispersitäten (Đ = 1.09-1.14), wodurch die heteroaromatischen Initiatoren geeigneter für die Polymerisation von DMAA sind. Insgesamt sind die Polydispersitäten höher als die von P2VP, was an der freiwerdenden Reaktionswärme und der dadurch bedingten schlechten Reaktionskontrolle liegen kann. Lediglich die in Tabelle 8 aufgezeigten Katalysatoren wurden in der Polymerisation von DMAA untersucht, alle anderen Komplexe waren nicht aktiv.

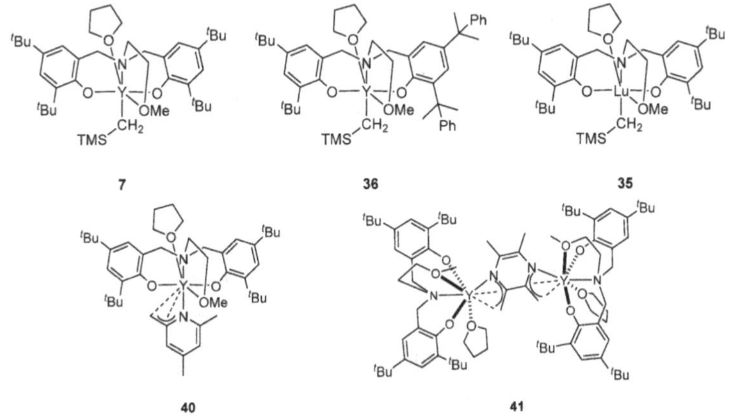

Abbildung 36: Komplexe **7**, **35**, **36**, **40** und **41**, die in der Polymerisation von DMAA untersucht wurden.

Tabelle 8: Polymerisationsergebnisse für DMAA mit Katalysator **7, 35, 36, 40** und **41**. Reaktion mit [2VP] = 2.15 mmol, [2VP]/[Kat.] = 200/1, bei -78 °C in 4.5 g DCM. Umsätze wurden über ^{1}H-NMR-Spektroskopie bestimmt.[a] Molmassen wurden über GPC-MALS bestimmt.[b] M_w/M_n.[c] $M_{n,ber}/M_{n,gef}$.

[Kat.]	T_{Zugabe} [°C]	T_{Polym} [°C]	Zeit [min]	Umsatz [%]	$M_{n,ber}$ (x 10^4) [g/mol]	$M_{n,gef}$ (x 10^4)[a] [g/mol]	Đ[b]	I*[c]
1 7	-78	-50	120	99	1.9	18.4	1.42	0.11
2 36	-78	-50	840	99	2.3	15.1	1.30	0.15
3 35	-78	-20	45	99	2.0	57.7	1.17	0.04
4 40	-78	-78	32	99	1.9	6.5	1.09	0.30
5 41	-78	-78	145	99	2.1	2.3	1.14	0.89

Bei Polymerisationsstudien mit Diethylvinylphosphonat wurde ebenfalls der Einfluss der Substitution des Liganden auf die Aktivität und die Initiatoreffektivität untersucht. Alle Yttrium-Katalysatoren mit Alkylinitiatoren unterschieden sich nicht in ihrer Initiatoreffektivität (Eintrag 1-4; Tabelle 9). Nur Komplex **37**, der einen sterisch sehr anspruchsvollen Trityl-Substituent im Liganden beinhaltet, zeigt eine geringere Aktivität, da auch nach 72 Stunden nur ein Umsatz von 34% erreicht wurde. Durch die langesame Reaktion kommt es zu Nebenreaktionen, da die Molmassenverteilung des Polymers unerwartet hoch ist (Đ = 2.46) und sich eine bimodale Verteilung in der Gelpermeationschromatographie zeigte. Auch bei der Polymerisation mit dem Lutetium-Katalysator (ONOO)^{tBu}Lu(CH$_2$TMS)(THF) (**35**) (Eintrag 5) führt eine langsame Reaktion (55% Umsatz nach 70 Min) zu einer höheren Polydispersität (Đ = 2.46) des Polymers. Für DEVP ist mit den Lutetium-Katalysatoren die gleiche Tendenz wie bei 2-Vinylypyridin ersichtlich, da die Einführung des heteroaromatischen Collidin-Initiators (Eintrag 6) zu einem Anstieg der Aktivität (quantitativer Umsatz nach 4 Stunden) und zu einer höheren Initiatoreffektivität (I* = 0.68) führt. Dieses resultiert in einer niedrigeren Polydispersität, da Nebenreaktionen vermieden werden. Auch für die Yttrium-Katalysatoren zeigt sich eine Optimierung der Polymerisation von DEVP mit den beiden heteroaromatischen Initiatoren (Eintrag 7-9). Vor allem der Komplex **41** mit Tetramethylpyrazin-Initiator (Eintrag 8) besitzt eine sehr hohe Initiatoreffektivität von 97%.

Tabelle 9: Polymerisationsergebnisse für DEVP mit Katalysator **7**, **36-38**, **40-42** und **44**. Reaktion mit [2VP] = 2.7 mmol, [2VP]/[Kat.] = 200/1, bei 25 °C in 2 mL Toluol. Umsätze wurden über ^{31}P-NMR-Spektroskopie bestimmt.[a] Molmassen wurden über GPC-MALS berechnet.[b] M_w/M_n.[c] $M_{n,ber}/M_{n,gef}$.

[Kat.]	Zeit [min]	Umsatz [%]	$M_{n,ber}$ (x 10^4) [g/mol]	$M_{n,gef}$ (x 10^4)[a] [g/mol]	Đ[b]	I*[c]
1	7	198	99	3.3	9.0	1.10	0.36
2	36	202	99	3.2	6.9	1.14	0.46
3	37	4320	34	1.0	2.4	2.46	0.43
4	38	1030	99	3.4	8.1	1.43	0.42
5	35	70	55	1.8	7.9	1.50	0.23
6	42	240	99	3.2	4.6	1.14	0.68
7	40	225	99	3.3	4.5	1.03	0.73
8	41	60	99	3.4	3.5	1.07	0.97
9	43	150	99	3.4	4.2	1.04	0.81

Bei dem Vergleich von Polymerisationen verschiedener *Michael*-Monomere hinsichtlich der Aktivität mit den Seltenerdmetall-Katalysatoren **7**, **35-38**, **40-42** und **44** zeigen sich unterschiedliche Tendenzen. Bei der Polymerisation von 2-Vinylpyridin mit Yttrium-Komplexen sind Alkyl-Initiatoren effektiver. Die Einführung von heteroaromatischen Initiatoren führt zu geringeren Initiatoreffektivitäten. Der symmetrische Lutetium-Komplex mit Alkylinitiator zeigt in Bezug auf die normierte Aktivität eine höhere TOF* als der analoge Yttrium-Komplex **7**. Zusätzlich besitzt bei symmetrischen Lutetium-Komplexen der Collidin-Initiator eine höhere Initiatoreffektivität und der Komplex selber damit eine sehr hohe Aktivität. Für diesen Katalysator **42** kann eine der höchsten bislang dokumentierten Aktivitäten in der homogenen Katalyse für die Polymerisation von 2VP mit einer TOF* von 2210 h^{-1} beobachtet werden. Dieses liegt in Übereinstimmung mit Untersuchungen von *Rieger et al.* an REM-GTP mit DEVP. Diese untersuchten die Aktivität und Initiatoreffektivität von Triscyclopentadienyl-Lanthanoiden in Abhängigkeit des Metallradius. Es wurde festgestellt, dass kleine Metallradien zu einer Steigerung der Aktivität und Initiatoreffektivität führen.[23]

Für die Monomere DMAA und DEVP zeigen sich nicht nur für die Lutetium-Komplexe, sondern ebenfalls für die mit Komplexe mit Yttrium als Metallzentrum höhere Initiatoreffektivitäten für die heteroaromatischen Initiatoren. Vor allem bei Polymerisationen mit dem bimetallischen Komplex wurden die höchsten Initiatoreffektivitäten beobachtet.

4.3.2 Taktizitätsbestimmung

Die Polymerisationen von 2-Vinylpyridin, Diethylvinylphosphonat und *N,N*-Dimethylacrylamid wurden von *Rieger et al.* sowohl mit Seltenerd-Metallocenen als auch mit Yttrium-Aminoalkoxybis(phenolat)-Komplexen im Hinblick auf die Taktizität untersucht.[6] Mit Cyclopentadienyl-Systemen konnte nur ataktisches P2VP erhalten werden. Für Studien zum Einfluss des sterischen Anspruchs auf die Taktizität des erhaltenen Polymers mit 2-Aminoalkoxybis(phenolat)-Yttrium-Komplexen **7** und **9** wurden die Substituenten in *ortho*-Position des Phenol-Rings variiert. Komplex **7** besitzt dabei eine *tert*-Butyl-Gruppe in *ortho*-Position und Komplex **9** eine Cumyl-Gruppe. Polymere, die aus Reaktionen mit den beiden Komplexen erhalten wurden, sind ataktisch (siehe Abbildung 37).[6]

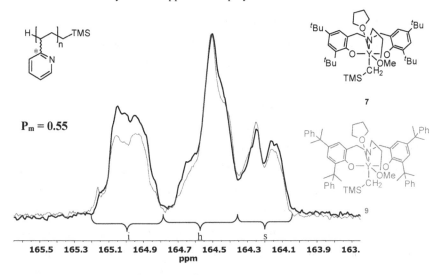

Abbildung 37: Aromatische quartäre ^{13}C-NMR-Resonanzen mit angegebenen Anteilen für die Tria-den *mm* (i), *mr* (h) und *rr* (s) für Poly(2-vinylpyridin) hergestellt durch die Katalysatoren **7** (schwarz) und **9** (grau) (126 MHz, Cryo, MeOD).

Nach einer Triadenzuordnung nach *Fontanille et al.* kann das Signal des quartären aromatischen C-Atoms im Poly(2-vinylpyridin) in drei Signale aufgeteilt werden, die den Triaden *mm* (i = isotaktisch), *mr* (h = heterotaktisch) und *rr* (s = syndiotaktisch) entsprechen, wie es in Abbildung 37 zugeordnet wird.[53]

Berechnungen zur Wahrscheinlichkeit für *meso*-Verknüpfungen (P_m, nach Formel 2.8; Abschnitt 2.4) zeigten, dass bei Komplex **7** (P_m = 0.55) und bei Komplex **9** (P_m = 0.54) kein taktisches Polymer erhalten wurde. Die Erhöhung des sterischen Einflusses beider *ortho*-Substituenten der Phenol-Gruppen hat daher keinen Einfluss auf die Taktizität von Poly(2-vinylpyridin). Bei Polymerisationen mit Komplex $(ONOO)^{tBu}Lu(CH_2TMS)(THF)$ (**35**) wurde ebenfalls nur ataktisches P2VP erhalten. Obwohl die Polymerisationstasche durch den kleineren Radius des Lutetiumzentrums verändert ist, kommt es nicht zu einer Induzierung von Taktizität (P_m = 0.55).

Überlegungen zur Art des Substitutionsmusters der Phenol-Gruppen im Aminoalkoxybis(phenolat)-Liganden führten zu Untersuchungen an unsymmetrisch substituierten Komplexen für die Polymerisation von 2VP, bei denen die Phenolat-Gruppen zwei unterschiedliche Substituenten in *ortho*-Position tragen. Der Komplex (ONOO)^{tBu,CMe2Ph}Y(CH$_2$TMS)(THF) (**36**) zeigte im Gegensatz zu den symmetrisch substituierten Komplexen **7** und **9**, aufgrund seiner C$_1$-Symmetrie mit einer *tert*-Butyl und einer Cumyl-Gruppe, einen leichten Anstieg der *mmmm*-Pentade im ^{13}C-NMR-Spektrum des erhaltenen P2VP (siehe Abbildung 38; linke Seite).[49] Dieses Substitutionsmuster hat jedoch keinen signifikanten Einfluss auf die Taktizität (P$_m$ = 0.57), jedoch spiegelt sie den messbaren Einfluss der veränderten Katalysatorsubstitution auf die Mikrostruktur wider. Ein Komplex, bei dem die *tert*-Butylgruppe gegen eine sterisch weniger anspruchsvolle Methyl-Gruppe ersetzt wurde, wurde in der Polymerisation von 2-Vinylpyridin getestet. Dieser dimere [(ONOO)^{Me,CMe2Ph}Y(CH$_2$TMS)]$_2$-Komplex (**38**) zeigte einen höheren Einfluss auf die Taktizität des erhaltenen Polymers (siehe Abbildung 38; linke Seite). Im Aufspaltungsmuster des quartären aromatischen C-Atoms ist ein Anstieg der isotaktischen Pentaden *mmmm* und *mmmr* sowie der Pentaden, die allgemein für eine höhere Stereokontrolle der Polymerisation sprechen (*mmrm* und *mrrm*), ersichtlich. Durch die Erniedrigung des sterischen Anspruchs auf einer Seite des Liganden kann die Taktizität des Polymers und damit die Wahrscheinlichkeit für *meso*-Verknüpfungen auf 63% erhöht werden.

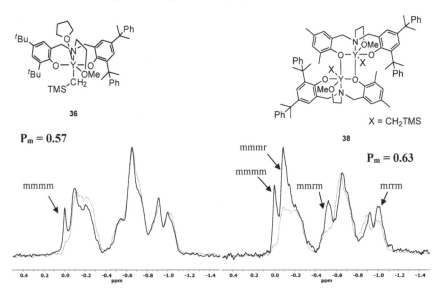

Abbildung 38: Aromatische quartäre C_2-Resonanz im ^{13}C-NMR-Spektrum von Poly(2-vinylpyridin) für die asymmetrischen Katalysatoren **36** (links) und **38** (rechts); NMR-Spektrum vom symmetrischen Katalysator **7** (grau) bei beiden Spektren im Hintergrund. Kalibrierung auf die *mmmm*-Pentade. Der Initiator CH₂TMS wurde in Komplex **38** zur Übersichtlichkeit mit X abgekürzt (126 MHz, Cryo, MeOD).

Der unterschiedliche sterische Anspruch an den jeweiligen Phenol-Gruppen des Aminoalkoxybis(phenolat)-Liganden scheint entscheidend für die Taktizität zu sein. Um einen sterisch anspruchsvollere Katalysatorumgebung zu erhalten, wurde ein Komplex synthetisiert, bei dem die Cumyl-Gruppe gegen eine sterisch anspruchsvollere Trityl-Gruppe ausgetauscht wurde. Der erhaltene Komplex (ONOO)^{tBu,tBu,CPh_3}Y(CH₂TMS)(THF) (**37**) wurde ebenfalls in der Polymerisation von 2-Vinylpyridin getestet. In Bezug auf die Taktizität zeigte sich, dass dieser Katalysator in der Lage ist, isotaktisch-angereichertes Poly(2-vinylpyridin) herzustellen ($P_m = 0.74$). Es sind intensivere Signale der *mmmm*- und *mmmr*-Pentade sowie der *mmrm*- und *mrrm*-Pentaden im ^{31}C-NMR-Spektrum sichtbar (siehe Abbildung 39).

Da durch die höhere Stereokontrolle jedoch auch die *rmmr*-Pentade stark abnimmt und diese in der isotaktischen *mm*-Triade liegt, ist die berechnete Isotaktizität, wenn sie über die Triadenstruktur berechnet wird, niedriger als erwartet.

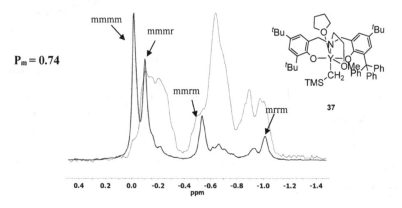

Abbildung 39: Aromatische quartäre C_2-Resonanz im ^{13}C-NMR-Spektrum von Poly(2-vinylpyridin) für den asymmetrischen Katalysator **37**; symmetrischer Katalysator **7** (grau) im Hintergrund. Kalibrierung auf die *mmmm*-Pentade (126 MHz, Cryo, MeOD).

Der Katalysator **37** ist der erste 2-Aminoalkoxybis(phenolat)-Komplex und damit einer der wenigen Beispiele in der homogenen Katalyse, der in der Lage ist, isotaktisches Poly(2-vinylpyridin) herzustellen. Daher lag der Fokus auf der mechanistischen Aufklärung dieser Polymerisation über die Pentadenstruktur des ^{13}C-NMR-Spektrums. Eine genaue Pentadenzuordnung im ^{31}C-NMR-Spektrum, gemessen in deuteriertem Methanol, ist aufgrund einer unzureichend genauen Aufspaltung der Signale jedoch nur bedingt möglich und eine Angabe von exakten Anteilen der jeweiligen Pentade am Gesamtsignal ist nicht durchführbar. Ein Wechsel des deuterierten Lösungsmittels ist allerdings nicht möglich. Die ^{13}C-NMR-Studien von P2VP zeigen in MeOD und CDCl$_3$ ein unterschiedliches Aufspaltungsmuster. Die chemischen Verschiebungen, die Verhältnisse der Intensitäten der einzelnen Signale zueinander und die Kopplungskonstanten unterscheiden sich. Außerdem sind die C_2-Resonanzfreqenzen in deuteriertem Methanol besser aufgelöst und es ist eine literaturbekannte Zuordnung vorhanden.

Auch die Veränderung der Konzentration der Polymerlösung, die Variation der T_1-Relaxationszeit und die Messung bei höheren Temperaturen zeigten keine Verbesserung des Aufspaltungsmunster im ^{13}C-NMR-Spektrum. Zusätzliche Versuche, um durch die Zugabe von DCl oder durch die Messung in deuterierter Trifluoressigsäure ein besser aufgelöstes Spektrum zu erhalten, brachten keinen Erfolg. Das Spektrum mit der besten Auflösung wurde auf einem AV900-Spektrometer mit Cryo-Kühlung in deuteriertem Methanol mit einer T_1-Relaxationszeit von 2 Sekunden und mit einer Polymerkonzentration von 6 Gew.-% aufgenommen (siehe Abbildung 40).

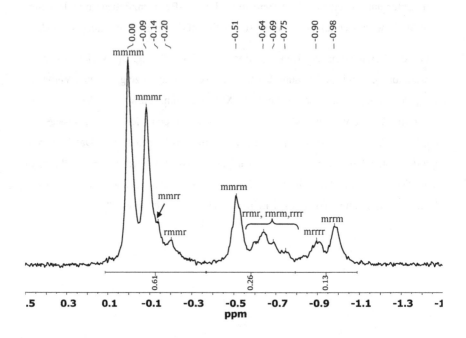

Abbildung 40: Aufspaltungsmuster im ^{13}C-NMR-Spektrum der C_2-Resonanzfreqeunz von P2VP, hergestellt mit $(ONOO)^{tBu,tBu,CPh_3}Y(CH_2TMS)(THF)$ **(37)** (226 MHz, Cryo, MeOD, 6 Gew.-%, 30 mg Polymer/0.6 mL MeOD).

Durch dieses Spektrum war es möglich, eine Pentadenzuordnung des Aufspaltungsmusters im ^{13}C-NMR-Spektrum der C_2-Resonanzfreqeunz von P2VP vorzunehmen. Tabelle 10 gibt die Triaden- und Pentadenaufspaltung der C_2-Resonanzfreqeunz von P2VP im ^{13}C-NMR-Spektrum an, welches durch den Katalysator $(ONOO)^{tBu,tBu,CPh_3}Y(CH_2TMS)(THF)$ **(37)** hergestellt wurde. Dabei werden sowohl die chemischen Verschiebungen für die jeweiligen Pentaden und Triaden, ausgehend von der *mmmm*-Pentade, die auf 0.00 ppm kalibriert wurde, als auch die Anteile der *mm*-, *mr*- und *rr*-Triade am Gesamtsignal angegeben.

Tabelle 10: Triaden- und Pentadenaufspaltung im ^{13}C-NMR-Spektrum der C_2-Resonanzfreqeunz von P2VP, hergestellt mit $(ONOO)^{tBu,tBu,CPh3}Y(CH_2TMS)(THF)$ (**37**). Für die Triadenaufspaltung ist ein Anteil der jeweiligen Triade am Gesamtsignal angegeben.[a] Die chemischen Verschiebung sind ausgehend von der *mmmm*-Pentade (0.00 ppm) als positive Werte angegeben.

		Chemische Verschiebung [ppm][a]	Anteil am Gesamtsignal
Triaden- **Aufspaltung**	mm	0.00-0.38	0.61
	mr	0.38-0.80	0.26
	rr	0.80-1.11	0.13
Pentaden- **Aufspaltung**	mmmm	0.00	
	mmmr	0.09	
	mmrr	0.14	
	rmmr	0.20	
	mmrm	0.51	
	rrmr		
	rrrr	0.64-0.81	
	rmrm		
	mrrr	0.90	
	mrrm	0.98	

Es wurde der Einfluss des sterischen Anspruchs der Substituenten des Aminoalkoxybis(phenolat)-Liganden auf die Taktizität von Poly(2-vinylpyridin) über ^{13}C-NMR-Spektroskopie untersucht. Eine unsymmetrische Substitution, bei der ein Substituent eine sterisch anspruchsvolle Trityl-Gruppe und der andere eine deutlich weniger anspruchsvolle *tert*-Butyl-Gruppe ist, führt zu eine Induzierung von Taktizität und es kann isotaktisch-angereichertes Poly(2-vinylpyridin) erhalten werden.

Durch statistische Untersuchungen der Ergebnisse aus den ^{13}C-NMR-Taktizitätsstudien ist es möglich, Rückschlüsse auf den Polymerisationsmechanismus zu ziehen. Wie in Abschnitt 2.4 beschrieben, kann dabei über die Triaden- bzw. Pentadenstruktur zwischen einer Kettenendkontrolle (*Bernoulli*- oder *Markov*-Modell) und einer *,enantiomorphic site control'* unterschieden werden. Bei Betrachtung der Pentadenaufspaltung sollte es bei einer Komplexkontrolle zu einem Intensitätsverhältnis der *mmmr*, *mmrr* und *mrrm*-Pentade von 2:2:1 kommen (siehe Abbildung 9). Da es im isotaktischen Bereich des Aufspaltungsmusters zur Überlagerung von Pentaden kommt (siehe Abbildung 10 und Abbildung 40), können die Verhältnisse der *mmmr*- und *mmrr*-Pentade nicht zueinander ins Verhältnis gesetzt werden. Es ist aber ersichtlich, dass die *mrrm*-Pentade eine geringere Intensität als die *mmmr*-Pentade besitzt. Für eine Komplexkontrolle müssten die *mmmr*- und die *mmrm*-Pentade im Verhältnis 1:1 stehen. Dieses kann ebenfalls wegen der Pentadenüberlagerung nicht bewiesen werden. Deswegen muss über die Triadenaufspaltung eine Mechanismusaufklärung durchgeführt werden. Tabelle 11 zeigt die experimentell bestimmten Anteile jeder Triade am Gesamtsignal des quartären Kohlenstoffatoms im ^{13}C-NMR-Spektrum bezüglich der Komplexe **7**, **9** und **35-38** und die daraus berechnete Wahrscheinlichkeit für *meso*-Verknüpfungen (P_m). Für die Modelle der Kettenendkontrolle (*Bernoulli*) und der *,enantiomorphic site control'* wurde überprüft, inwieweit die Kriterien dieser Modelle auf den hier vorliegenden Polymerisationsmechanismus zutreffen. Für die Komplexe, bei denen bei der Polymerisation eine erhöhte Taktizität erhalten wurde (Eintrag 4-5), zeigt sich eine große Übereinstimmung mit dem Modell der Komplexkontrolle. Die Kriterien für diese Polymerisation werden nahezu exakt erfüllt (siehe Abschnitt 2.4 Formel 2.7). Der berechnete *,enantiomorphic site control'*-Triaden-Test (E-Wert in Tabelle 11) liegt mit Werten ≤ 1.02 nahe an dem zu erfüllenden Wert von 1. Die chirale Katalysatorumgebung der unsymmetrischen Komplexe wirkt demnach stereoregulierend für das Polymer. Zusätzlich wurden aus den experimentell bestimmten P_m-Werten die daraus resultierenden Werte für den Parameter σ bestimmt. Daraus konnten dann Triaden-Anteile berechnet werden, die bei diesem Propagationsmodell für die angegebene Isotaktizität entstehen müssten. Die experimentell gefundenen und die theoretisch berechneten Triaden sind in sehr guter Übereinstimmung, was ebenfalls bestätigt, dass der Polymerisationsmechanismus komplexkontrolliert ist.

Auch Temperaturabhängigkeiten wurden für die Polymerisation mit 2VP mit Komplex **37** durchgeführt. Eine Senkung der Temperatur auf -30 °C und eine Erhöhung auf 50 °C zeigten keine Veränderungen der Taktizität des Polymers.

Tabelle 11: Experimentelle und berechnete Triaden-Anteile (Formel 2.2-2.4) für das quartäre aromatische ^{13}C-NMR-Signal von P2VP hergestellt mit Katalysatoren **7, 9** und **35-38** nach dem Modell der ‚*enantiomorphic site control*'.[a] Berechnet nach Formel 2.8; Abschnitt 2.4.[b] *Bernoulli*-Triaden-Test 4[mm][rr]/[mr]²; B = 1 für Kettenendkontrolle.[c] ‚*enantiomorphic site control*'-Triaden-Test 2[rr]/[mr]; E = 1 für Komplexkontrolle; siehe Abschnitt 2.4.[d] Berechnet nach Formel 2.1.[e] Für ‚*enantiomorphic site control*'. Aus Übersichtlichkeit wurden die Liganden in den Komplexen ausgelassen

Komplex	Triadenanteil am Gesamtsignal									
	experimentell				theoretisch[e]			B[b]	E[c]	σ[d]
	i	h	s	P_m[a]	i	h	s			
1 Ln^{tBu}CH₂TMS	0.34	0.43	0.23	**0.55**	0.32	0.45	0.23	1.69	1.07	0.658
7: Ln = Y; 35: Ln = Lu										
2 Y^{CMe_2Ph}CH₂TMS (9)	0.31	0.45	0.24	**0.54**	0.34	0.44	0.22	1.47	1.07	0.673
3 Y^{tBu,CMe_2Ph}CH₂TMS (36)	0.35	0.43	0.22	**0.57**	0.36	0.43	0.21	1.67	1.02	0.687
4 Y^{Me,CMe_2Ph}CH₂TMS (38)	0.44	0.37	0.19	**0.63**	0.45	0.37	0.18	2.44	1.03	0.755
5 Y^{tBu,tBu,CPh_3}CH₂TMS (37)	0.61	0.26	0.13	**0.74**	0.61	0.26	0.13	4.69	1.00	0.846

Neben Taktizitätsuntersuchungen an 2-Vinylpyridin wurde ebenfalls die Stereoselektivität in der Polymerisation von *N,N*-Dimethylacrylamid getestet. Für dieses Monomer zeigte sich eine höhere Initiatoreffektivität für die heteroaromatischen Initiatoren an symmetrischen Yttrium-Komplexen, wodurch diese schon bei niedrigeren Temperaturen (-78 °C) polymerisieren. Abbildung 41 zeigt einen Ausschnitt des ^{13}C-NMR-Spektrums von PDMAA, hergestellt durch die Komplexe **40** und **41**. Das Carbonyl-Kohlenstoffatom der Polymerseitenkette, welches in diesem Ausschnitt dargestellt ist, hat die höchste Verschiebung aller Signale im ^{13}C-NMR-Spektrum (174.0-175.0 ppm), jedoch nur eine relativ geringe Intensität. Eine Zuordnung des Aufspaltungsmusters dieses Signales nach *Bulai* in eine Triadenaufspaltung lässt eine Berechnung der Taktizität zu.[59]

Das Aufspaltungsmuster für die Komplex **40** und **41** sieht sehr ähnlich aus, die Wahrscheinlichkeit für *meso*-Verbindungen liegt daher bei Komplex **40** bei 78% und bei Komplex **41** bei 79%. Beide Komplexe sind somit in der Lage, isotaktisches PDMAA herzustellen. Die *mm*-Triade ist zur Übersichtlichkeit in den nachfolgenden ^{13}C-NMR-Spektren auf 0.00 ppm kalibriert.

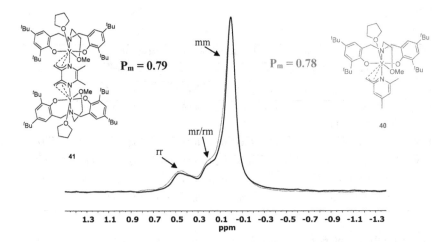

Abbildung 41: ^{13}C-NMR-Spektra des Carbonyl-Kohlenstoffatoms von PDMAA produziert mit Katalysator **40** (grau) und **41** (schwarz) bei -78 °C. Kalibrierung der *mm*-Triade auf 0.00 ppm (126 MHz, Cryo, CDCl$_3$).

Tabelle 12 gibt die Triadenaufspaltung der Carbonyl-Resonanzfrequenz von DMAA im ^{13}C-NMR-Spektrum, welches durch den Katalysator **41** hergestellt wurde, an. Dabei werden zum einen die chemischen Verschiebungen der Triaden, kalibriert auf die *mm*-Triade und auf das Restprotonensignal des deuterierten Lösungsmittels, angegeben. Zum anderen sind auch die Anteile der *mm*-, *mr*- und *rr*-Triaden am Gesamtsignal angezeigt. Die Anteile können dabei nur sehr ungenau angegeben werden, da die Signale der einzelnen Triaden überlagern.

Tabelle 12: Triadenaufspaltung der Carbonyl-Resonanzfrequenz von DMAA im ^{13}C-NMR-Spektrum, hergestellt durch Katalysator **41** und Anteile der *mm*-, *mr*- und *rr*-Triaden am Gesamtsignal.[a] Chemische Verschiebung kalibriert auf die *mm*-Triade.[b] Chemische Verschiebung kalibriert auf Chloroform.[c] Berechnet nach Formel 2.7.

		Chemische Verschiebung$_{mm}$[a] [ppm]	Chemische Verschiebung [ppm][b]	Anteil am Gesamtsignal	P_m[c]
Triaden-Aufspaltung	mm	-0.22-0.12	174.10-174.45	0.72	
	mr	0.12-0.30	174.45-174.62	0.14	**0.79**
	rr	0.30-0.68	174.62-175.00	0.14	

Auch der analoge Komplex mit CH$_2$TMS als Initiator (**7**) und der unsymmetrische Komplex **36** sind aktiv in der Polymerisation von DMAA. Nach Zugabe des Monomers bei -78°C fand die Polymerisation jedoch nicht sofort statt. Erst bei erhöhten Temperaturen von etwa -50°C begann die Polymerisation. Aus diesem Grund waren die Isotaktizitäten des erhaltenen Polymers im Gegensatz zu Polymer, erzeugt über Komplexe mit heteroaromatischem Initiator, leicht erniedrigt. Für PDMAA hergestellt mit Komplex **7** ergibt sich eine Isotaktizität (P_m) von 76% mit Komplex **36** von 69%. Die leichte Abnahme der Isotaktizität zwischen den Polymeren hergestellt mit **40/41** im Vergleich zu **7**, kann auch auf die ungenaue Möglichkeit der Integration der einzelnen Triaden zurückzuführen sein. Der dimere Komplex **38**, der nach Monomerzugabe bei -78°C erst bei -20 °C polymerisiert, produziert nur ataktisches PDMAA (P_m = 0.55). Es wird deutlich, dass höhere Reaktionstemperaturen zu einer Erniedrigung der Taktizität führen.

Dieser Sachverhalt wurde ebenfalls an Polymerisationen von DMAA mit Komplex **41** bei verschiedenen Temperaturen getestet. Wie vorher gezeigt, wird bei einer Polymerisation bei -78 °C isotaktisches PDMAA erhalten (P_m = 0.79). Wird die Polymerisationstemperatur auf -20 °C erhöht, so erniedrigt sich ebenfalls die Isotaktizität, wie schon bei Polymerisationen mit Komplex **38** beobachtet. Die Wahrscheinlichkeit für *meso*-Verbindungen verringert sich auf 65%, ersichtlich durch die Erhöhung der Intensität der *rr*-Triaden des Carbonyl-Kohlenstoffatoms im ^{13}C-NMR-Spektrum.

Bei einer weiteren Anhebung der Polymerisationstemperatur auf 0 °C zeigt sich im ^{13}C-NMR-Spektrum eine Zunahme der *rr*- und *mr*-Triaden, hervorgerufen durch die Entstehung von ataktischem PDMAA (siehe Abbildung 42).

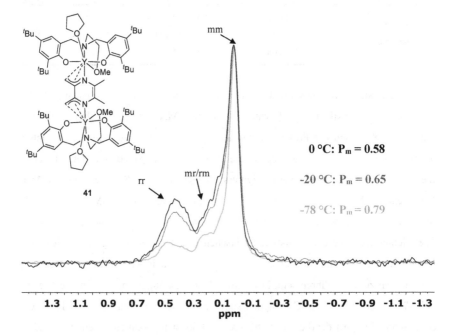

Abbildung 42: ^{13}C-NMR-Spektra des Carbonyl-Kohlenstoffatoms von PDMAA produziert mit Katalysator **41** bei -78 °C (braun), -20 °C (grau) und 0 °C (schwarz). Kalibrierung der *mm*-Triade auf 0.00 ppm (126 MHz, Cryo, CDCl$_3$).

Polymerisationen mit dem symmetrischen Lutetium-CH$_2$TMS-Komplex **35** wurden ebenfalls NMR-Spektroskopisch untersucht, um den Einfluss des Metallradius auf die Taktizität von PDMAA zu untersuchen. Nach Monomerzugabe bei -78 °C initiierte der Komplex die Polymerisation erst bei etwa -20 °C. Der Ausschnitt des Carbonyl-Kohlenstoffatoms im ^{13}C-NMR-Spektrum des erhaltenen Polymers ist nachfolgend in Abbildung 43 dargestellt. Ein starker Anstieg der *rr*-Pentade mit gleichzeitigem Abfall der *mr*-Pentade ist zu erkennen. Mithilfe des Lutetium-Katalysator kann somit syndiotaktisches PDMAA mit einer Wahrscheinlichkeit für syndiotaktische Verknüpfungen von 79% (P$_r$ = 0.79; P$_r$ = 1 - P$_m$) synthetisiert werden. Als Vergleich ist das ^{13}C-NMR-Spektrum von isotaktischen PDMAA ebenfalls angeführt. Beide Spektren wurden auf das Restprotonensignal des deuterierten Lösungsmittels Chloroform kalibriert, da für das syndiotaktische PDMAA nur eine wenig intensive *mm*-Pentade im ^{13}C-NMR-Spektrum sichtbar ist.

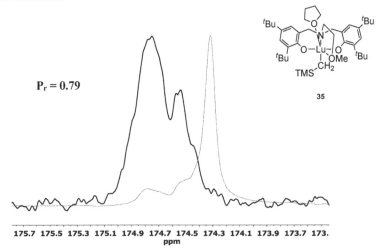

$$P_r = 0.79$$

175.7 175.5 175.3 175.1 174.9 174.7 174.5 174.3 174.1 173.9 173.7 173.
ppm

Abbildung 43: ^{13}C-NMR-Spektra des Carbonyl-Kohlenstoffatoms von PDMAA produziert mit Katalysator **45** (schwarz) und **41** (grau). Zugabe Monomer bei -78 °C. Kalibrierung auf das Restprotonensignal von CDCl$_3$ (126 MHz, Cryo).

Die Taktizität von Poly(N,N-dimethylacrylamid) wurde in Abhängigkeit des Metall-zentrums, des Initiators und des sterischen Anspruchs der Substituenten in *ortho*-Position des Phenol-Rings der Aminoalkoxybis(phenolat)-Liganden über ^{13}C-NMR-Spektroskopie untersucht. Es wird deutlich, dass vor allem das Metallzentrum Einfluss auf die Taktizität des erhaltenen Polymers hat. Alle Yttrium-Komplexe stellen isotak-tisch-angereichertes Polymer her, wenn eine Initiation bis -50 °C stattgefunden hat. Die Verwendung des Lutetium-Katalysators **35** führt zu syndiotaktischem PDMAA. Polymerisationen mit den Alkylinitiator-Komplexen sowie eine unsymmetrische Sub-stitution der Komplexe führen zu geringeren isotaktischen Anteilen, da die Reaktion nicht bei -78 °C initiiert wird. Dieses wird auch bei Polymerisation des aktivsten Kata-lysators **41** bei unterschiedlichen Temperaturen bestätigt. Eine Polymerisation von DMAA bei 0 °C erniedrigt die isotaktischen Anteile des erhaltenen Polymers um ca. 20%. Tabelle 13 fasst die erhaltenen Anteile der Triaden sowie die Berechnung der Taktizität des jeweiligen Polymers für die Polymerisation für alle verwendeten Kom-plexe und der jeweils verwendeten Temperaturen zusammen.

Tabelle 13: Experimentelle Triaden-Anteile für das Carbonyl-^{13}C-Signal von PDMAA hergestellt mit Katalysatoren **7**, **35**, **36**, **38**, **40** und **41** bei angegebener Temperatur.[a] Temperatur bei der Polymerisa-tion startet. Liganden sind zur Übersichtlichkeit weggelassen. Initiatoren wurden abgekürzt.

	Komplex	T_{Zugabe} [°C]	T_{Polym}[a] [°C]	Anteil am Gesamtsignal			
				mm	mr/rm	rr	P_m
1	Y^{tBu}Collidin (**40**)	-78	-78	0.70	0.15	0.15	**0.78**
2	Y^{tBu}TMPy (**41**)	-78	-78	0.72	0.14	0.14	**0.78**
3	Y^{tBu}TMPy (**41**)	-20	-20	0.57	0.16	0.27	**0.65**
4	Y^{tBu}TMPy (**41**)	0	0	0.47	0.21	0.33	**0.58**
5	Y^{tBu}CH$_2$TMS (**7**)	-78	-50	0.16	0.16	0.68	**0.76**
6	Y^{tBu,CMe_2Ph}CH$_2$TMS (**36**)	-78	-50	0.59	0.19	0.21	**0.69**
7	Y^{Me,CMe_2Ph}CH$_2$TMS (**38**)	-78	-20	0.43	0.23	0.34	**0.55**
8	Lu^{tBu}CH$_2$TMS (**35**)	-78	-20	0.08	0.25	0.67	**0.21**

Auch die Polymerisationen von Diethylvinylphosphonat wurden im Hinblick auf die erhaltenen Taktizitäten der Polymere über ^{31}P-NMR-Spektroskopie untersucht. Ein zugegebener Standard (Triethylphosphat; Kalibrierung auf 0.00 ppm) lässt einen Vergleich der erhaltenen Spektren zu. Die ^{31}P-NMR-Spektren (siehe Abbildung 44) zeigen ein Signal zwischen 32.5 und 35.0 ppm, welches je nach verwendetem Katalysator in der Polymerisation mit unterschiedlichen Intensitäten aufspaltet. Dieses Aufspaltungsmuster kann nach *Komber*, *Steinert* und *Voit*, welche eine mögliche Zuordnung der Aufspaltung der Signale in Poly(dimethylvinylphosphonat) untersuchten, als eine Triadenstruktur angenommen werden.[75] Die Aufspaltung ist aber zu schwach, um eine Quantifizierung der Triaden vorzunehmen. Eine Veränderung der Intensitäten ist aber erkennbar. Während alle symmetrischen Katalysatoren mit Alkyl-Initiator (7 und 35) und auch der unsymmetrische Komplex (ONOO)^{tBu,CMe_2Ph}Y(CH$_2$TMS) (36) (graues Spektrum; Abbildung 44) eine Aufspaltung in zwei Signale (33.84 ppm und 33.30 ppm) mit dem Verhältnis 0.82:0.18 zeigen, so steigt die Intensität des weniger intensiven Signals (33.30 ppm) bei Verwendung eines heteroaromatischen Initiators leicht an (0.79:0.21). Poly(diethylvinylphosphonat), welches durch Katalysator 37 ((ONOO)^{tBu,CPh_3}Y(CH$_2$TMS)(THF)) hergestellt wurde, zeigte im ^{31}P-NMR-Spektrum ein noch intensiveres Signal bei 33.30 ppm. Die beiden Signale stehen dort im Verhältnis 0.60:0.40. Entspricht dieses Signal der *mm*-Triade, so könnten durch den Katalysator 37 die isotaktischen Anteile in PDEVP gesteigert werden.

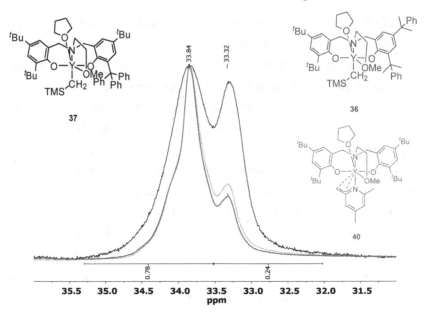

Abbildung 44: ^{31}P-NMR-Spektra von DEVP hergestellt mit Komplexen **36** (grau), **40** (hellgrau) und **37** (schwarz). Kalibrierung auf Triethylphosphat (0.00 ppm) (gemessen in D₂O).

4.3.3 Thermische Untersuchung der erhaltenen Polymere

Thermische Analysen der erhaltenen Polymere wurden durchgeführt, um den Einfluss der Taktizität auf die stofflichen Eigenschaften zu untersuchen. Zwei in der Taktizität unterschiedliche Poly(*N,N*-dimethylacrylamid)-Proben wurden in TGA- und DSC-Studien verglichen. In Bezug auf die Zersetzungstemperaturen, die über thermogravimetrische Analysen bestimmt wurden, waren sich die isotaktische Probe (**A**; $P_m =$ 0.78) und die syndiotaktische Probe (**B**; $P_r = 0.79$) sehr ähnlich. Die Temperatur (bei 5% Gewichtsverlust) lag bei Probe **A** bei 408 °C, die syndiotaktische Probe **B** zersetzte sich bereits bei 391 °C. Glasübergangstemperaturen und Schmelzpunkte wurden über DSC-Messungen bestimmt (siehe Abbildung 45). Beide Proben zeigten eine Glasübergangstemperatur im Bereich zwischen 110 °C und 125 °C, wobei die der isotaktischen Probe mit 113°C niedriger ist als die der syndiotaktischen Probe (124 °C).

Ein Schmelzpunkt konnte nur bei Probe **A** beobachtet werden, was auf die höhere Isotaktizität zurückzuführen ist. Dieser Schmelzpunkt liegt bei 273 °C. Tabelle 14 fasst die Werte für Zersetzung, Glasübergangstemperaturen und Schmelzpunkte für die Proben **A** und **B** zusammen.

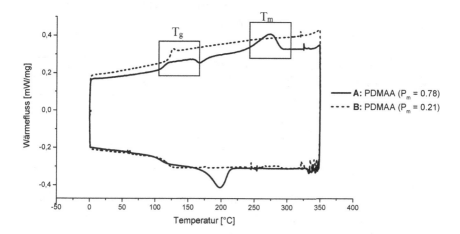

Abbildung 45: DSC-Messungen von PDMAA-Proben **A** und **B** mit unterschiedlicher Taktizität. (0-350 °C; 10 K/Min).

Messungen, die in einem Temperaturbereich von -50 °C bis 300 °C durchgeführt wurden, lieferten dieselben Ergebnisse. Es kam bei erhöhten Temperaturen nicht zu den Ungenauigkeiten wie sie in Abbildung 45 zwischen 325 °C und 350 °C zu erkennen sind. Da der Schmelzpunkt der isotaktischen PDMAA-Probe jedoch sehr nah an der oberen Temperaturgrenze liegt, wurden in dieser Arbeit nur die DSC-Messungen mit einem Temperaturbereich von 0-350 °C abgebildet.

Auch *Chen* und *Mariott* untersuchten isotaktische PDMAA-Proben bezüglich des Zersetzungspunktes und der Schmelztemperatur.[76] Über thermisch-gravimetrische Analysen wurde eine Zersetzungstemperatur von 403 °C gemessen, die in Übereinstimmung mit den Zersetzungspunkten der isotaktischen Probe **A** liegen. Ein mittels DSC gemessener Schmelzpunkt von 318 °C liegt über dem der Probe **A**, was auf einen höheren isotaktischen Anteil (P_m > 0.99) oder eine größere Molmasse (M_n = 9.27 × 10^4 g/mol) der von *Chen* untersuchten Probe zurückzuführen ist.[76]

Tabelle 14: Thermische Untersuchung von PDMAA-Proben mit unterschiedlicher Taktizität. $T_{5\%}$ = Temperatur bei Gewichtsverlust von 5%; Über TGA bestimmt. T_g und T_m bestimmt über DSC-Studien (0-350 °C; 10 K/Min; Berechnungen über dritten Zyklus).

	PDMAA (P_m = 0.78)	PDMAA (P_m = 0.21)
M_n (x 10^4) [g/mol]	2.3	57.7
Kettenlänge	232	5820
$T_{5\%}$ [°C]	408.3	391.9
T_g [°C]	113.2	124.2
T_m [°C]	273.4	-

Auch mit unterschiedlich taktischen Poly(2-vinylpyridin)-Proben wurden thermische Analysen durchgeführt. Sowohl für die ataktischen als auch für die isotaktisch-angereicherten Proben zeigte sich eine Zersetzungstemperatur von ca. 380 °C (Temperatur bei 5% Gewichtsverlust). Alle Proben zeigten lediglich eine Glasübergangstemperatur, die im Bereich zwischen 95 °C und 105 °C liegt. Auch in diesem Fall ist die Glasübergangstemperatur der isotaktischen Probe niedriger als die der ataktischen Probe. Für die isotaktische Probe wurde kein Schmelzpunkt beobachtet.

5 Zusammenfassung und Ausblick

Die Seltenerd-mediierte Gruppentransferpolymerisation von *Michael*-Monomeren sollte mit den neu synthetisierten Komplexen **35-38**, **40-42** und **44** vergleichend mit dem literaturbekannten Komplex $(ONOO)^{tBu}Y(CH_2TMS)(THF)$ (**7**) in Bezug auf das Substitutionsmuster im Liganden, das Metallzentrum und den Initiator untersucht werden. Dabei sollten bei den Polymerisationen von 2-Vinylpyridin, *N,N*-Dimethylacrylamid und Diethylvinylphosphonat die auftretenden Aktivitäten, Initiatoreffektivitäten, die Polydispersitäten und Taktizitäten der erhaltenen Polymere betrachtet werden.

Überlegungen zur Art des Substitutionsmusters der Phenol-Gruppen im Aminoalkoxybis(phenolat)-Liganden führten zu Untersuchungen von unsymmetrisch substituierten Komplexen für die Gruppentransferpolymerisation, bei denen die Phenolat-Gruppen zwei unterschiedliche Substituenten in *ortho*-Position tragen. Die unsymmetrischen Komplexe **36-38** konnten erfolgreich durch Reaktion eines Metallprecursors mit dem jeweiligen unsymmetrischen Liganden synthetisiert und charakterisiert werden. Komplex **38** besitzt dabei eine dimere Struktur.

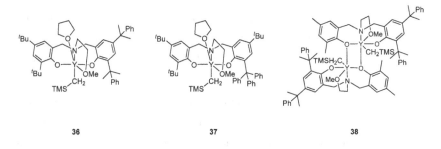

Abbildung 46: C_1-symmetrische Komplexe **36-38** mit unterschiedlichem Substitutionsmuster.

Zur Untersuchung des Einflusses des Metallradius auf die Polymerisationskatalyse wurde der zu **7** analoge Komplex mit Lutetium als Metallzentrum (Komplex **35**) synthetisiert. Es sollten Rückschlüsse auf den Einfluss des Metallradius auf die Polymerisation gezogen werden.

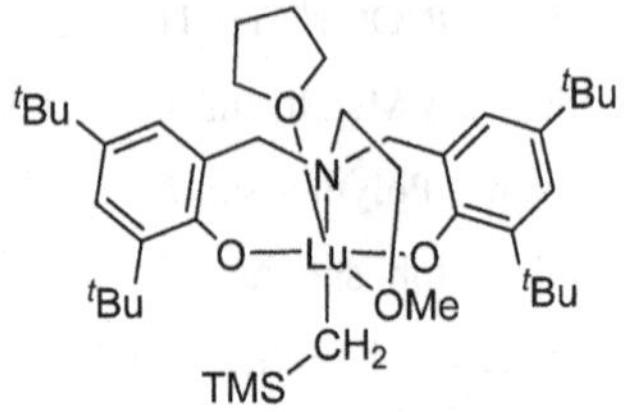

35

Abbildung 47: Lutetium-Komplex (ONOO)^{tBu}Lu(CH$_2$TMS)(THF) (**35**).

Die Möglichkeit der C-H-Bindungsaktivierung über Alkyllanthanoid-mediierte σ-Bindungsmetathese wurde zunächst am literaturbekannten Katalysator **7** getestet. Es wurde bewiesen, dass sowohl die C-H-Bindungsaktivierung eines sp^3-hybridisierten Kohlenstoffatoms von Collidin als auch eine zweifache C-H-Aktivierung im 2,3,5,6-Tetramethylpyrazin mit Komplex **7** möglich ist. Bei Komplex **40** als auch bei Komplex **41** wird der neue Initiator über η^3-(C,C,N)-Aza-Allylische Bindungen an das Metallzentrum koordiniert, wie kristallographische Analysen ergaben. Dieses geschieht unter Aufhebung der Aromatizität des Pyridin/Pyrazin-Ringes mit gleichzeitiger Vergrößerung des delokalisierten Systems, in das die C-H-aktivierten Methylgruppen integriert sind. Bei Komplex **41** findet die C-H-Bindungsaktivierung an zwei nebeneinander liegenden Methylgruppen statt, wodurch ein vergrößertes konjugiertes System entsteht. Durch die zweifache C-H-Bindungsaktivierung kommt es zu einer höheren Delokalisierung der Elektronen und damit zu einer Verkürzung der Bindungen.

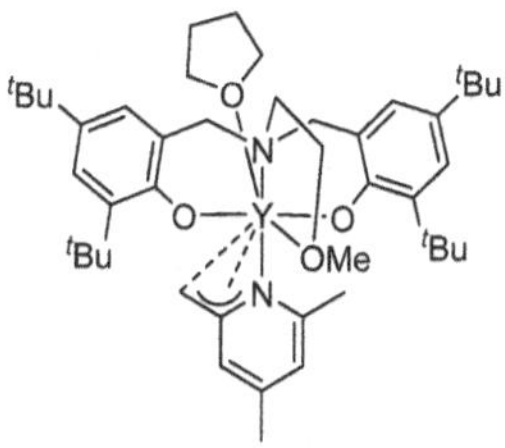

40 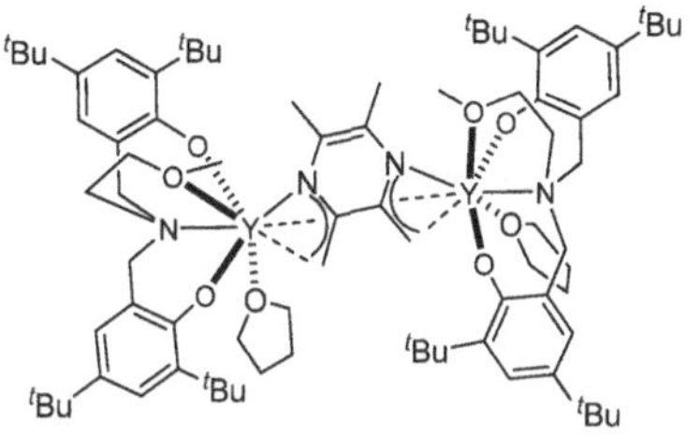   **41**

Abbildung 48: Synthese von Komplex **40** und **41** durch C-H-Bindungsaktivierung von Pyridinderivaten.

Da eine C-H-Bindungsaktivierung der Pyridinderivate 2,4,6-Trimethylpyrdidin und 2,3,5,6-Tetramethylpyrazin erfolgreich über Alkylyttrium-mediierte σ-Bindungsmetathese mit dem Komplex $(ONOO)^{tBu}Y(CH_2TMS)(THF)$ (**7**) durchgeführt werden konnte, sollte dieses ebenfalls mit dem analogen Lutetium-Komplex **35** untersucht werden. Durch die starke Bindung des CH_2TMS-Initiators an das Lutetiumzentrum, welches durch seine höhere Kernladung acider ist, fand eine C-H-Bindungsaktivierung mit Collidin nur erschwert statt, Komplex **42** konnte aber isoliert werden. Der Lutetium-Tetramethylpyrazin-Komplex **43** wurde bis jetzt nicht isoliert. Zusätzlich wurde die Möglichkeit der C-H-Bindungsaktivierung mit den unsymmetrisch substituierten Komplexen **36-38** untersucht. Während die Komplexe **36** und **37** schon bei Raumtemperatur $C(sp^3)$-H-Bindungen von Collidin aktivieren können, ist die C-H-Aktivierung von Tetramethylpyrazin erst bei erhöhter Temperatur nach längerer Zeit möglich. Im Gegensatz dazu konnten mit dem dimeren Komplex **38** keine quantitativen C-H-Bindungsaktivierungen durchgeführt werden. Aus zeitlichen Gründen wurde in dieser Arbeit nur der Komplex $(ONOO)^{tBu,CMe_2Ph}Y((4,6\text{-dimethylpyridin-2-yl})methyl)$ (**44**) isoliert und vollständig charakterisiert.

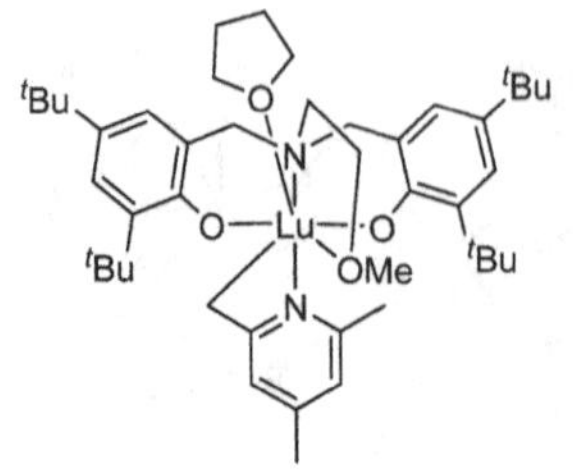

42 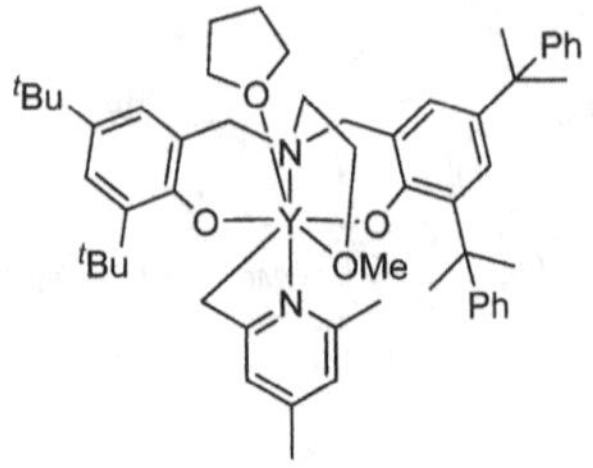   **44**

Abbildung 49: Synthese von Komplex **42** und **44** durch C-H-Bindungsaktivierung von Pyridinderivaten.

Bei dem Vergleich von Polymerisationen verschiedener *Michael*-Monomere hinsichtlich der Aktivität und Initiatoreffektivität mit verschiedenen Seltenerdmetall-Katalysatoren zeigen sich unterschiedliche Tendenzen. Wird der Umsatz gegen die Zeit aufgetragen, können die Polymerisationen bezüglich ihrer Aktivität (TOF) gegenübergestellt werden.

Polymerisationen von 2-Vinylpyridin zeigten mit allen isolierten Katalysatoren einen lebenden Charakter und resultierten in niedrigen Polydispersitäten. Die Aktivitäten und Initiatoreffektivitäten sind dabei abhängig vom verwendeten Liganden-System und dem jeweiligen Initiator. Bei der Polymerisation mit Yttrium-Komplexen waren Alkyl-Initiatoren effektiver. Eine sterisch anspruchsvollere Katalysatorumgebung in der Nähe des Metallzentrums erniedrigt die Aktivität in der Polymerisation und auch die Initiatoreffektivität wird beim CH$_2$TMS-Initiator geringer. Die Einführung von heteroaromatischen Initiatoren führt zu einer geringeren Initiatoreffektivität. Der Komplex **40** besitzt mit einer TOF* von 1080 h^{-1} eine ähnliche Aktivität wie der Komplex **7** in Bezug auf die aktiven Metallzentren, da der Inititaor nur bei Beginn der Polymerisation (Einbau der ersten Monomere) Einfluss auf die Aktivität besitzt. Der symmetrische Lutetium-Komplex **35** mit Alkylinitiator zeigte in Bezug auf die normierte Aktivität eine höhere TOF* als der analoge Yttrium-Komplex **7**. Zusätzlich besitzt der Lutetium-Komplex mit Collidin-Initiator (**42**) eine höhere Initiatoreffektivität und der Komplex selber damit eine sehr hohe Aktivität. Für diesen Katalysator **42** kann eine der höchsten bislang dokumentierten Aktivitäten in der homogenen Katalyse für die Polymerisation von 2VP mit einer TOF* von 2210 h^{-1} beobachtet werden. Polymerisationen mit 2-Vinylpyridin katalysiert durch den dimeren Komplex [(ONOO)^{Me,CMe_2Ph}Y(CH$_2$TMS)]$_2$ (**38**) zeigten eine lange Induktionszeit aufgrund der nötigen Dissoziation, um den Komplex in seine aktive Form zu überführen.

Auch andere polare Monomere wurden in Polymerisationsstudien mit den oben genannten Komplexen untersucht. Für Polymerisationen von *N,N*-Dimethylacrylamid zeigte sich eine höhere Initiatoreffektivität für die heteroaromatischen Initiatoren an symmetrischen Yttrium-Komplexen, wodurch diese schon bei niedrigeren Temperaturen (-78 °C) polymerisieren. Vor allem der Tetramethylpyrazin-Initiator zeigte eine sehr hohe Effektivität von 0.89, die wie bei der Polymerisation mit 2-Vinylpyridin größer war als die des Collidin-Initiators.

Bei Polymerisationsstudien mit Diethylvinylphosphonat wurde ebenfalls der Einfluss der Substitution des Liganden auf die Aktivität und die Initiatoreffektivität untersucht. Alle Yttrium-Katalysatoren, unabhängig vom sterischen Anspruch des Liganden, mit Alkylinitiatoren unterschieden sich nicht in ihrer Initiatoreffektivität.

Nur der Komplex **37**, der einen sterisch sehr anspruchsvollen Trityl-Substituenten im Liganden beinhaltet, zeigte eine geringere Aktivität. Auch bei der Polymerisation mit dem Lutetium-Katalysator **35** war die Aktivität geringer.

Für DEVP ist mit den Lutetium-Katalysatoren die gleiche Tendenz wie bei Polymerisationen mit 2-Vinylpyridin ersichtlich, da die Einführung des heteroaromatischen Collidin-Initiators zu einem Anstieg der Aktivität und zu einer höheren Initiatoreffektivität führt. Auch für die Yttrium-Katalysatoren zeigt sich eine Optimierung der Polymerisation von DEVP mit den beiden heteroaromatischen Initiatoren. Vor allem der Komplex **41** mit Tetramethylpyrazin-Initiator besitzt eine sehr hohe Initiatoreffektivität von 97% . Somit sind für die Monomere DMAA und DEVP nicht nur die Lutetium-Komplexe, sondern ebenfalls die Komplexe mit Yttrium als Metallzentrum effektiver mit heteroaromatischen Initiatoren. Vor allem bei Polymerisationen mit dem bimetallische Komplex wurden die höchsten Initiatoreffektivitäten und Aktivitäten beobachtet.

In dieser Arbeit wurde ebenfalls der Einfluss des sterischen Anspruchs der Substituenten in *ortho*-Position des Phenol-Rings des Aminoalkoxybis(phenolat)-Liganden auf die Taktizität von Poly(2-vinylpyridin) über ^{13}C-NMR-Spektroskopie untersucht. Der unterschiedliche sterische Anspruch an den jeweiligen Phenol-Gruppen des Aminoalkoxybis(phenolat)-Liganden scheint entscheidend für die Induzierung von Taktizität zu sein. Eine unsymmetrische Substitution, bei der ein Substituent eine sterisch anspruchsvolle Trityl-Gruppe und der andere eine deutlich weniger anspruchsvolle *tert*-Butyl-Gruppe ist, führt zu einer Induzierung von Taktizität und es kann isotaktisch-angereichertes Poly(2-vinylpyridin) (P_m = 0.74) erhalten werden. Obwohl der Radius des Lutetiumzentrums kleiner ist als bei Yttrium und damit bei Polymerisationen eine andere Katalysatorumgebung vorherrscht, konnte kein isotaktisches P2VP erhalten werden (P_m = 0.55).

Der Katalysator **37** ist damit einer der wenigen Beispiele in der homogenen Katalyse, der in der Lage ist isotaktisches Poly(2-vinylpyridin) herzustellen. Daher lag der Fokus auf der mechanistischen Aufklärung dieser Polymerisation. Durch statistische Untersuchungen der Ergebnisse aus den ^{13}C-NMR-Taktizitätsstudien ist es möglich, Rückschlüsse auf den Polymerisationsmechanismus zu ziehen. Es kann dabei über die Triaden- bzw. Pentadenstruktur zwischen einer Kettenendkontrolle (*Bernoulli-* oder *Markov*-Modell) und einer ‚*enantiomorphic site control*‘ unterschieden werden. Es zeigt sich eine große Übereinstimmung mit dem ‚*enantiomorphic site control*‘ Modell. Die Kriterien für diesen Polymerisationsmechanismus werden nahezu exakt erfüllt. Die chirale Katalysatorumgebung der unsymmetrischen Komplexe wirkt demnach stereoregulierend für das Polymer.

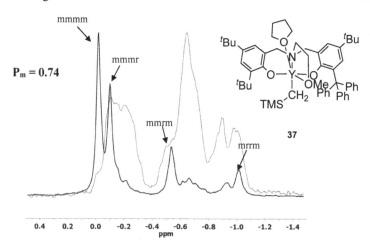

Abbildung 50: Aromatische quartäre C_2-Resonanz im ^{13}C-NMR-Spektrum von Poly(2-vinylpyridin) für den asymmetrischen Katalysator **37**; symmetrischer Katalysator **7** (grau) im Hintergrund. Kalibrierung auf die *mmmm*-Pentade (126 MHz, Cryo, MeOD).

Auch die Taktizität von Poly(*N,N*-dimethylacrylamid) wurde in Abhängigkeit des Metallzentrums, des Initiators und des sterischen Anspruchs der Substituenten in *ortho*-Position des Phenol-Rings der Aminoalkoxybis(phenolat)-Liganden über ^{13}C-NMR-Spektroskopie untersucht. Es wird deutlich, dass vor allem das Metallzentrum Einfluss auf die Taktizität des erhaltenen Polymers hat.

Alle Yttrium-Komplexe stellten isotaktisch-angereichertes Polymer her, wenn eine Initiation bis -50°C stattgefunden hat. Polymerisationen mit den Alkylinitiator-Komplexen sowie eine unsymmetrische Substitution der Komplexe führten zu geringeren isotaktischen Anteilen, da die Reaktion nicht bei -78 °C initiiert wird. Dieses wurde auch bei Polymerisation des aktivsten Katalysators **41** bei unterschiedlichen Temperaturen bestätigt. Eine Polymerisation von DMAA bei 0 °C erniedrigt die isotaktischen Anteile des erhaltenen Polymers um ca. 20%. Die Verwendung des Lutetium-Katalysators **35** führte zu syndiotaktischem PDMAA.

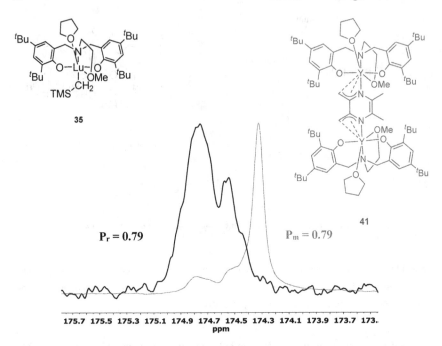

Abbildung 51: ^{13}C-NMR-Spektra des Carbonyl-Kohlenstoffatoms von PDMAA produziert mit Katalysator **45** (schwarz) und **41** (grau). Kalibrierung auf das Restprotonensignal von CDCl$_3$ (126 MHz, Cryo).

Ein Einfluss des Substitutionsmusters im Liganden auf die Taktizität wurde ebenfalls bei Polymerisationen mit Diethylvinylphosphonat sichtbar. DEVP, welches mittels Katalysator **37** polymerisiert wurde, zeigte im ^{31}P-NMR-Spektrum ein anderes Aufspaltungsmuster als PDEVP, welches durch die symmetrischen Yttrium-Katalysatoren hergestellt wurde. Die beiden sichtbaren Signale stehen dort im Verhältnis 0.60:0.40. Entspricht dieses Signal der *mm*-Triade, so könnten durch den Katalysator **37** die isotaktischen Anteile in PDEVP gesteigert werden.

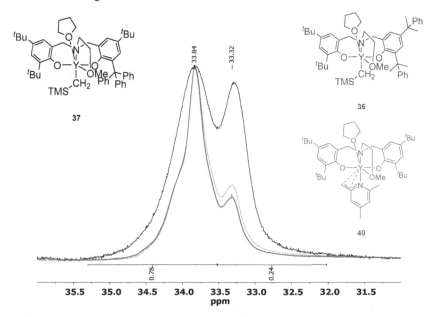

Abbildung 52: ^{31}P-NMR-Spektra von DEVP hergestellt mit Komplexen **36** (grau), **40** (hellgrau) und **37** (schwarz) (gemessen in D_2O).

Sowohl der Lutetium-Katalysator **35** als auch der analoge Komplex mit Collidin (**42**) zeigten hohe Aktivitäten in der GTP von 2-Vinylpyridin. Der asymmetrische Yttrium-Komplex $(ONOO)^{tBu,tBu,CPh_3}Y(CH_2TMS)(THF)$ (**37**) hingegen, welcher in der Lage ist, isotaktisch-angereichertes Poly(2-vinylpyridin) zu isolieren, zeigt nur eine geringe Aktivität. Die Synthese eines unsymmetrisch substituierten Lutetium-Katalysators der Form $(ONOO)^{tBu,tBu,CPh_3}Lu(CH_2TMS)(THF)$ (**45**) oder der analoge mit Collidin als Initiator (Komplex **46**) könnten mit höheren Aktivitäten zu isotaktisch angereichertem P2VP führen.

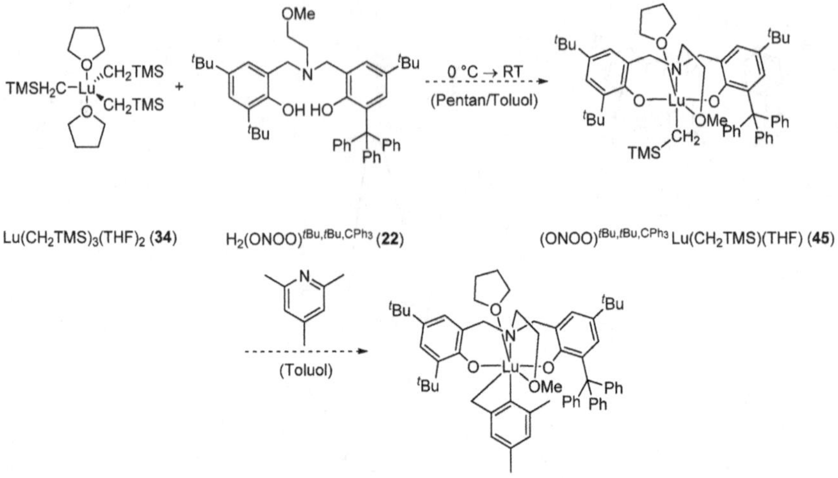

Lu(CH₂TMS)₃(THF)₂ (34)   H₂(ONOO)^{tBu,tBu,CPh_3} (22)   (ONOO)^{tBu,tBu,CPh_3} Lu(CH₂TMS)(THF) (45)

(ONOO)^{tBu,tBu,CPh_3} Lu(Collidin)(THF) (46)

Abbildung 53: Synthese des Lutetium-Komplexes **45** und C-H-Bindungsaktivierung von Collidin zu Komplex **46**.

Auch die Durchführung von C-H-Bindungsaktivierungen mit den unsymmetrischen Katalysatoren **36** und **37** führte zu Komplexen mit heteroaromatischen Initiatoren. Die σ-Bindungsmetathese von Tetramethylpyrazin mit dem unsymmetrischen Katalysator **37** könnte zu einem bimetallischen unsymmetrischen Komplex (**47**) führen. Dieser sollte dann ebenfalls in der Polymerisation von 2-Vinylpyridin bezüglich der Aktivität und der Stereoselektivität getestet werden.

Durch die Möglichkeit, die Polymerkette vom Initiator ausgehend in zwei Richtungen fortzuführen, und Komplexe dieser Art allgemein in der Lage sind Blockpolymere herzustellen, so könnten mit diesem Komplex B-A-B-Blockcopolymere hergestellt werden. Induziert dieser unsymmetrische Komplex zusätzlich Taktizität während der Polymerisation, so könnten taktische B-A-B-Blockpolymere aus isotaktischem 2-Vinylpyridin und anderen polaren Monomeren hergestellt werden.

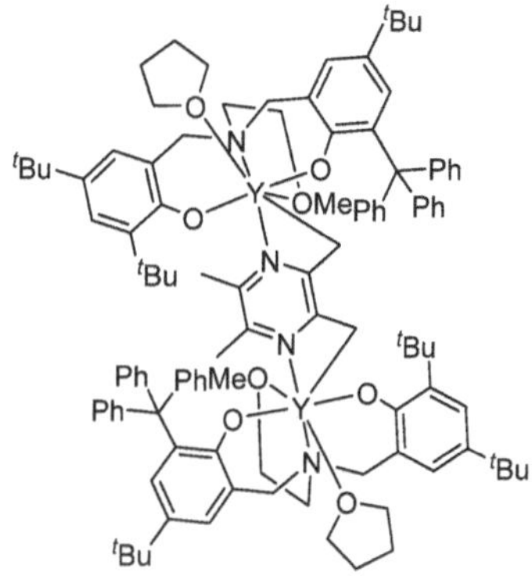

47

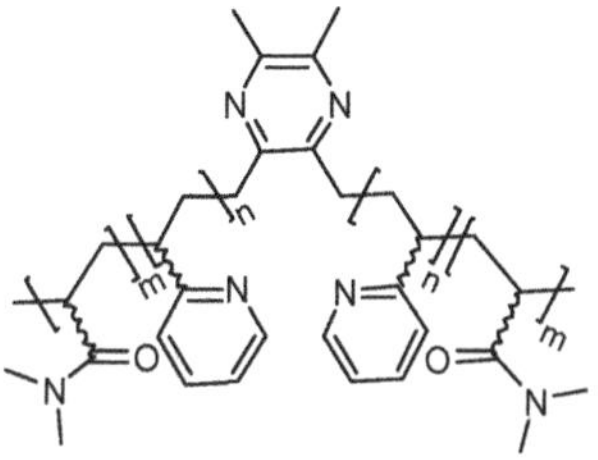

Abbildung 54: Synthese des Komplex **47** über C-H-Bindungsaktivierung und mögliche Blockcopolymerstruktur aus 2VP und DMAA hergestellt mit Komplex **47**.

6 Experimenteller Teil

6.1 Allgemeine Arbeitsvorschriften

Alle Synthesen wurden in, im Vakuum ausgeheizten, Glasgeräten unter Argonatmosphäre mit absolutierten Lösungsmitteln durchgeführt. Lösungen und absolutierte Lösungsmittel wurden in mit Argon gespülten trockenen Kunststoffspritzen gehandhabt. Feststoffe wurden im Argongegenstrom (Lieferant: *Westfalen*) oder in der Glovebox (*MBraun*) zugegeben.

Lösungsmittel und Reagenzien

Tetrahydrofuran, Dichlormethan, Pentan, Toluol und Diethylether wurden durch eine Lösungsmitteltrocknungsanlage SPS-800 (*Solvent Purification System*) der Firma *MBraun* gereinigt. Als Inertgas diente Argon. Hexan und Pentan wurden über Molsieb 3 Å getrocknet und gelagert. Soweit nicht anders beschrieben, wurden alle Chemikalien von *Sigma-Aldrich*, *Acros Organics*, *Alfa Aesar* oder *ABCR* bezogen und ohne weitere Aufreinigung verwendet. Alle weiteren Lösungsmittel und Reagenzien wurden von der zentralen Materialverwaltung der Technischen Universität München bezogen, nach Standardverfahren getrocknet und über Molsieb (3 Å) unter Argonatmosphäre gelagert. Prozentwerte beziehen sich immer auf Massenprozente. Falls nicht anders angegeben, handelt es sich dabei um gesättigte oder x%-ige Lösungen in Wasser.

Triethylamin wurde zwei Tage über Calciumhydrid getrocknet, anschließend destilliert und über Molsieb 4 Å gelagert. Die Monomere 2-Vinylpyridin, Diethylvinylphosphonat und *N,N*-Dimethylacrylamid wurden über Calciumhydrid getrocknet und destilliert. Die benötigten sekundären Amine **28**, **29** und **30** sowie die beiden Methylbromid-Phenole **31** und **32** standen bereits zur Verfügung und wurden ohne weiterer Aufreinigung zur Synthese verwendet.

Kernspinresonanzspektroskopie (NMR)

Kernspinresonanzspektren (^{1}H, ^{13}C) wurden an den Geräten AVIII-300, AVIII-500 Cryo und AVIII-900 Cryo der Firma *Bruker Analytik* bei 300 K aufgenommen. Die ^{1}H-Spektren werden bei einer Frequenz von 300/500 MHz, die ^{13}C-Spektren bei 75/126/226 MHz und die ^{31}P-NMR-Spektren bei einer Frequenz von 200 MHz aufgenommen.

Deuterierte Lösungsmittel wurden von *Deutero*, *Euroisotop* oder Sigma-Aldrich bezogen. Deuteriertes Benzol und THF wurden dabei über Molsieb (3 Å) getrocknet. Die chemischen Verschiebungen δ sind in ppm angegeben und beziehen sich bei ^{1}H- und ^{13}C-NMR-Spektren jeweils auf das Restprotonensignal des deuterierten Lösungsmittels:

CDCl$_3$: ^{1}H-NMR: δ (ppm) = 7.26.

                 ^{13}C-NMR: δ (ppm) = 77.2.

CD$_3$OD: ^{1}H-NMR: δ (ppm) = 3.31

                 ^{13}C-NMR: δ (ppm) = 49.0

C$_6$D$_6$: ^{1}H-NMR: δ (ppm) = 7.16.

                 ^{13}C-NMR: δ (ppm) = 128.1.

THF-*d$_8$* ^{1}H-NMR: δ (ppm) = 1.72, 3.58.

                 ^{13}C-NMR: δ (ppm) = 67.2, 25.3.

Bei der Zuordnung der Signalmultiplizitäten wurden folgende Abkürzungen verwendet: s-Singulett, d-Dublett, t-Triplett, q-Quartett, qi-Quintett, m-Multiplett. Kopplungskonstanten *J* sind als Mittelwerte der experimentell gefundenen Werte in Hz angegeben und beziehen sich, soweit nicht anders angegeben, auf Kopplungen zwischen zwei Protonen.

Elementaranalyse (EA)

Die Elementaranalysen wurden vom mikroanalytischen Labor am Lehrstuhl für Anorganische Chemie der Technischen Universität München an einem Vario EL der Firma *Elementar* durchgeführt.

ESI-MS

ESI-MS Messungen wurden an einem Varian 500-MS Spektrometer in Toluol, Isopropanol, Ethylacetat oder Methanol durchgeführt.

Kristallographie

Röntgenmessungen wurden mit einzelnen Kristallen im SCXRD-Labor des Katalysezentrums der Technischen Universität durchgeführt.

GPC-MALS

Zur Bestimmung von Molmassenverteilungen wurden GPC Messungen mit einer Konzentration der Probe von 5 mg/mL an einem Varian LC-920 ausgestattet mit zwei PL Polargel Säulen durchgeführt. Als Elutionsmittel wurden für die Messung von PDEVP, P2VP und PDMAA eine Mischung aus THF und Wasser (1:1; v:v) mit 9 g/L Tetrabutylammoniumbromid (TBAB) und 680 mg/ L_{THF} 3,5-Di-*tert*-Butyl-4-hydroxytoluol (BHT) als Stabilisator verwendet.

Absolute Molmassen wurden über eine Mehrwinkel-Lichtstreudetektor (MALS) Wyatt Dawn Heleos II in Kombination mit einem Konzentrationsdetektor Wyatt Optilab rEX bestimmt.

Polymerisationen

Polymerisationen von 2VP und DEVP wurden bei angegebener Temperatur in der Glovebox durchgeführt. Dafür wurden 13.5 µmol Katalysator (1.0 Äq.) in 1.74 g Toluol (2.00 mL) gelöst und die Polymerisation durch Zugabe von 2.7 mmol Monomer (200 Äq., 27 mmol [2VP]/ 20 mL Toluol) gestartet.

Polymerisationen mit DMAA bei -78 °C werden in einem ausgeheizten Druckschlenkkolben in einem Aceton/Trockeneisbad durchgeführt. Dazu werden 21.4 µmol Katalysator (1.0 Äq.) in 3.49 g Dichlormethan gelöst und auf -78 °C gekühlt. Es werden 4.30 mmol DMAA in 1.0 g Dichlormethan in einem zugegeben. Findet keine sofortige Polymerisation statt, so wird das Reaktionsgemisch langsam erwärmt und die Temperatur beobachtet, bei der eine Reaktion eintritt.

Polymerisationen bei -20 °C und 0 °C werden analog in der Glovebox in Schraubdeckelgläschen in einem Kupferbad mit angeschlossener Cryo-Kühlung durchgeführt.

Alle Polymerisationen wurden zu den angegeben Zeitpunkten durch Zugabe von Methanol beendet. Mit einem vorherig entnommenen Aliquot wird der Umsatz über ^{1}H/^{31}P-NMR-Spektroskopie bestimmt. Das Polymer wird in Pentan gefällt und im Fall von P2VP aus Benzol gefriergetrocknet. PDEVP und PDMAA werden aus Wasser gefriergetrocknet.

Kinetische Untersuchungen über Aliquots

Zur Bestimmung von Umsätzen, Umsatzraten und kinetischen Parametern werden 65.4 µmol Katalysator (1.0 Äq.) in 8.36 g Toluol gelöst und 13.1 mmol Monomer (200 Äq., 27 mmol [2VP]/ 20 mL Toluol) bei Raumtemperatur zugegeben. Zu bestimmten Zeitpunkten werden Aliquots aus der Reaktionslösung genommen und die Polymerisation durch Zugabe von Methanol beendet. Die Proben werden unter Vakuum bei 60 °C über Nacht getrocknet und der Umsatz über Gravimetrie bestimmt. Ab-

solute Molmassen und Molmassenverteilungen werden für jede Probe über GPC-
MALS ermittelt.

Taktizitätsbestimmung

P2VP: 15 Gew.-% (75 mg in 0.6 mL MeOD; 2000 Scans; ^{13}C-NMR 126 MHz)

               Pentadenzuordnung:

               6 Gew.-% (30 mg in 0.6 mL MeOD; 1000 Scans; ^{13}C-NMR 226 MHz)

PDMAA: 8 Gew.-% (68 mg in 0.6 mL CDCl$_3$; 1000 Scans; ^{13}C-NMR 126 MHz)

PDEVP: 11 Gew.-% (70 mg in D$_2$O; Standard: Triethylphosphat (0.00 ppm);
               ^{31}P-NMR)

6.2 Synthese des symmetrischen protonierten Liganden $H_2(ONOO)^{tBu}$ (18)[64]

18

Es werden 10.0 g 2,3-Di-*tert*-Butylphenol (48.4 mmol, 2.0 Äq.) in 20 mL Methanol gelöst und anschließend 210 µL 2-Methoxyethylamin (1.82 g, 24.2 mmol, 1.0 Äq.) sowie 6.00 mL Formaldehyd-Lösung (37% in H_2O, 72.0 mmol, 2.96 Äq.) zugegeben. Das Reaktionsgemisch wird für 6 Tage bei 85 °C zum Rückfluss erhitzt. Nach Abkühlen wird der entstandene Niederschlag von der restlichen Lösung abgetrennt und mit 20 mL kaltem Methanol für 30 Min gerührt. Der farblose Feststoff wird abgetrennt und unter Vakuum getrocknet. Nach zweimaliger Umkristallisation in Ethanol wird das gewünschte Produkt (5.19 mg, 10.1 mmol, 42%) in Form farbloser Kristalle erhalten.

^{1}H-NMR (300 MHz, $CDCl_3$, 300 K): δ (ppm) = 8.52 (s, 2H, O*H*), 7.21 (d, ^4J = 2.5 Hz, 2H, H_{arom}), 6.88 (d, ^4J = 2.5 Hz, 2H, H_{arom}), 3.74 (s, 4H, ArCH$_2$), 3.56 (t, ^3J = 5.1 Hz, 2H, H_{Henkel}), 3.47 (s, 3H, O*Me*), 2.75 (t, ^3J = 5.1 Hz, 2H, H_{Henkel}), 1.41 (s, 18H, *t*Bu), 1.27 (s, 18H, *t*Bu).

^{13}C-NMR (75 MHz, $CDCl_3$, 300 K): δ (ppm) = 153.0, 140.8, 136.1, 125.0, 123.5, 121.7, 71.5, 58.9, 58.2, 51.5, 35.1, 34.2, 31.8, 29.7.

6.3 Synthese der unsymmetrischen Liganden

6.3.1 Vorstufen

Synthese von 4-(*tert*-Butyl)-2-tritylphenol (24)[66]

Ph—C(Ph)(Ph)—Cl + [4-*tert*-Butylphenol] $\xrightarrow{\text{Na, 140 °C, 3 h}}$ [4-(*tert*-Butyl)-2-tritylphenol]

$C_{29}H_{28}O$
M: 392.54

23   **24**

Es werden 100 g 4-*tert*-Butylphenol (**23**) (666 mmol, 10.0 Äq.) bei 111 °C zur Schmelze erhitzt und anschließend 2.14 g Natrium (93.0 mmol, 1.39 Äq.) zugegeben und ebenfalls bis zur Schmelze erhitzt. Nachdem 18.6 g Triphenylchlorid (66.9 mmol, 1.0 Äq.) zugegeben wurden, wird das Reaktionsgemisch auf 145 °C erhitzt und für 3 Stunden gerührt. Nachdem auf 90 °C abgekühlt wurde, werden 200 mL 7%-ige Natronlauge und 230 mL Diethylether zugegeben. Die wässrige Phase wird mit 2 × 100 mL Diethylether extrahiert und die vereinigten organischen Phasen anschließend mit 3 × 100 mL 7%-iger Natronlauge, 100 mL Wasser, 100 mL gesättigter Natriumchloridlösung gewaschen, über Magnesiumsulfat getrocknet, filtriert und das Lösungsmittel unter Vakuum entfernt. Eine Umkristallisation in Ethanol liefert das gewünschte Produkt (16.8 g, 42.8 mmol, 64%) als hellgelben Feststoff.

1H-NMR (300 MHz, CDCl$_3$, 300 K): δ (ppm) = 7.35 − 7.17 (m, 16H, H$_{arom}$), 7.09 (d, ^4J = 2.4 Hz, 1H, H$_{arom}$), 6.78 (d, ^3J = 8.3 Hz, 1H, H$_{arom}$), 4.35 (s, 1H, OH), 1.16 (s, 9H, ^{t}Bu).

13C-NMR (75 MHz, CDCl$_3$, 300 K): δ (ppm) = 152.1, 144.4, 142.7, 132.3, 131.1, 128.0, 127.9, 126.8, 125.5, 117.3, 63.0, 34.3, 31.5.

Synthese von 5-(*tert*-Butyl)-2-hydroxy-3-tritylbenzaldehyd (25)

24 → **25**

Es werden 2.97 g Hexamethylentetraamin (21.2 mmol, 1.0 Äq.) unter Vakuum auf 70 °C erhitzt und nach Abkühlen 8.32 g 4-(*tert*-Butyl)-2-tritylphenol (**24**) (21.2 mmol, 1.0 Äq.) und 50 mL Trifluoressigsäure zugegeben. Das Reaktionsgemisch wird bei 110 °C für 22 h gerührt und anschließend wird die noch warme Reaktionslösung in 300 mL 2 M HCl geschüttet. Es wird mit 2 × 150 mL Chloroform extrahiert und die vereinigten organischen Phasen mit 3 × 75 mL 2 M HCl, 200 mL Wasser und 100 mL gesättigter Natriumchlorid-Lösung gewaschen. Diese wird anschließend über Magnesiumsulfat getrocknet, filtriert und das Lösungsmittel unter vermindertem Druck entfernt. Eine Umkristallisation aus Methanol liefert 5.1 g Produkt (12.0 mmol, 57%) in Form eines farblosen Feststoffes. Eine säulenchromatographische Auftrennung (SiO$_2$, 6.0 × 32 cm, Hexan/EtOAc = 11:1) kann gegebenenfalls durchgeführt werden, um das Produkt zusätzlich aufzureinigen.

DC: R$_f$ = 0.54 (Hexan/EtOAc = 11:1) [UV]

^{1}H-NMR (300 MHz, CDCl$_3$, 300 K): δ (ppm) = 11.20 (s, 1H, O*H*), 9.84 (s, 1H, C*H*O), 7.61 (d, ^4J = 2.5 Hz, 1H, H$_{arom}$), 7.44 (d, ^4J = 2.5 Hz, 1H, H$_{arom}$), 7.32 – 7.08 (m, 15H, H$_{Trityl}$), 1.21 (s, 9H, *t*Bu).

^{13}C-NMR (75 MHz, CDCl$_3$, 300 K): δ (ppm) = 196.9, 158.7, 144.9, 141.5, 136.3, 135.1, 131.0, 128.9, 127.4, 125.9, 120.3, 63.2, 34.3, 31.2.

Synthese von 4-(*tert*-Butyl)-2-(((2-methoxyethyl)imino)methyl)-6-tritylphenol (26)

25 → **26**

Es werden 5.06 g 5-(*tert*-Butyl)-2-hydroxy-3-tritylbenzaldehyd (**25**) (12.0 mmol, 1.0 Äq.) in 100 mL Chloroform und 100 mL Methanol suspendiert und 903 mg 2-Methoxyethylamin (12.0 mmol, 1.0 Äq.) zugegeben. Das Reaktionsgemisch wird für 24 h bei 85 °C zum Rückfluss erhitzt. Nach Abkühlen wird das Lösungsmittel solange unter Vakuum entfernt bis Feststoff ausfällt. Dieser wird isoliert und unter Vakuum getrocknet. Es werden 3.48 g Produkt (7.29 mmol, 61%) als gelber Feststoff erhalten.

^{1}H-NMR (300 MHz, CDCl$_3$, 300 K): δ (ppm) = 13.37 (s, 1H, C*H*O), 8.33 (s, 1H), 7.33 (d, ^4J = 2.4 Hz, 1H, H$_{arom}$), 7.25 – 7.09 (m, 16H, H$_{arom}$), 3.63 (t, ^3J = 5.5 Hz, 2H, C*H$_2$*), 3.54 (t, ^3J = 5.5 Hz, 2H, C*H$_2$*), 3.29 (s, 3H, C*H$_3$*), 1.17 (s, 9H, *t*Bu).

^{13}C-NMR (75 MHz, CDCl$_3$, 300 K): δ (ppm) = 166.7, 145.5, 133.9, 131.0, 128.3, 127.0, 126.9, 125.5, 118.0, 77.2, 71.6, 63.3, 58.9, 34.0, 31.3.

ESI-MS (Toluol): 478.2 [M]$^+$.

EA: berechnet: C 82.98 H 7.39 N 2.93

gefunden: C 81.42 H 7.23 N 2.92

Synthese von 4-(*tert*-Butyl)-2-(((2-methoxyethyl)amino)methyl)-6-tritylphenol (27)

Es werden 3.30 g 4-(*tert*-Butyl)-2-(((2-methoxyethyl)imino)methyl)-6-tritylphenol (**26**) (6.91 mmol, 1.0 Äq.) in 100 mL Chloroform und 100 mL Methanol gelöst und bei 0 °C innerhalb von 15 Min 549 mg Natriumborhydrid (14.5 mmol, 2.1 Äq.) zugegeben. Die gelbe Lösung wird anschließend für 48 h bei 50 °C gerührt. Nach Abkühlen wird mit 1 M Salzsäure azidifiziert und das Lösungsmittel unter Vakuum entfernt. Die resultierende wässrige Phase wird mit gesättigter Natriumcarbonatlösung neutralisiert und mit 3 × 50 mL Chloroform extrahiert. Die vereinigten organischen Phasen werden über Magnesiumsulfat getrocknet, filtriert und das Lösungsmittel unter vermindertem Druck entfernt. Nach Umkristallisation aus Ethanol werden 2.23 g Produkt (4.65 mmol, 67%) in Form gelber Kristalle erhalten. Das Produkt kann gegebenenfalls aus Benzol gefriergetrocknet werden.

^{1}H-NMR (300 MHz, CDCl$_3$, 300 K): δ (ppm) = 7.14 – 7.09 (m, 15H, H$_{arom}$), 7.00 (d, ^4J = 2.4 Hz, 1H, H$_{arom}$), 6.83 (d, ^4J = 2.4 Hz, 1H, H$_{arom}$), 3.81 (s, 2H, ArC*H*$_2$), 3.21 – 3.04 (m, 5H, C*H*$_2$, C*H*$_3$), 2.46 (t, ^3J = 5.0 Hz, 2H, C*H*$_2$), 1.05 (s, 9H, *t*Bu).

^{13}C-NMR (75 MHz, CDCl$_3$, 300 K): δ (ppm) = 154.2, 146.2, 140.1, 133.6, 131.1, 128.4, 127.7, 127.5, 127.0, 125.4, 124.3, 122.0, 71.0, 63.5, 58.9, 52.6, 47.2, 34.1, 31.6.

EA: berechnet: C 82.63 H 7.73 N 2.92
            gefunden: C 83.48 H 7.92 N 2.73

6.3.2 Allgemeine Synthesevorschrift der Liganden $H_2(ONOO)^{R}$ [65]

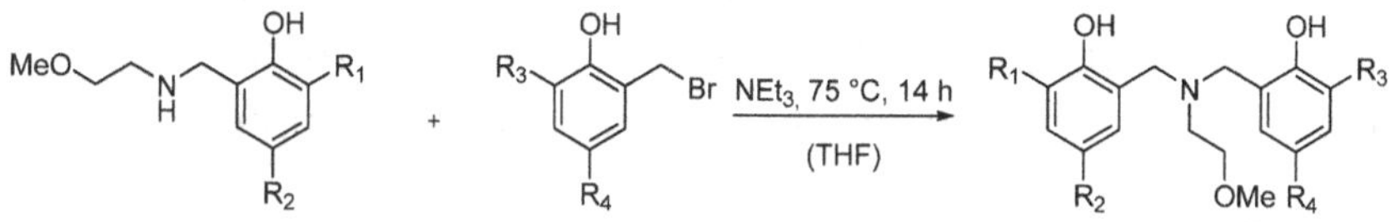

MeO～～N(H)～Ar(OH, R_1, R_2) + Ar(R_3, OH, CH$_2$Br, R_4) →NEt$_3$, 75 °C, 14 h (THF)→ Produkt mit OH, R_1, R_2, N, OMe, OH, R_3, R_4

Es werden 1.0 Äquivalente des entsprechenden Amins in 50 mL THF in einem Druck-schlenkkolben vorgelegt und 1.0 Äquivalente des Phenols in 30 mL THF langsam zu-getropft. Nachdem für 30 Min bei Raumtemperatur gerührt wurde, werden 1.5 Äquivalente Triethylamin zugegeben und das Reaktionsgemisch bei 75 °C für 14 h gerührt. Nach Abkühlen wird der Feststoff von der Lösung mittels Filtration abge-trennt und das Lösungsmittel anschließend unter Vakuum entfernt. Eine entsprechende Aufreinigung liefert das gewünschte Produkt.

$H_2(ONOO)^{tBu,CMe_2Ph}$ (19):

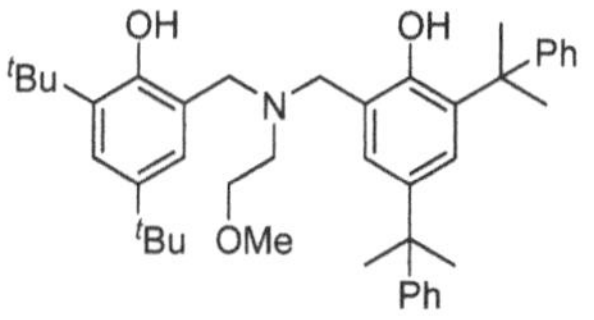

$C_{43}H_{57}NO_3$
M: 635.93

19

Eine säulenchromatographische Aufreinigung (SiO$_2$, 5.5 × 25.5 cm, Hexan/EtOAc = 12:1) liefert das gewünschte Produkt.

Ausbeute: 49% (farbloser Feststoff)

DC: R_f = 0.46 (Hexan/EtOAc = 12:1) [UV]

^{1}H-NMR (300 MHz, CDCl$_3$, 300 K): δ (ppm) = 7.37 – 7.11 (m, 12H, H$_{arom}$), 6.91 (d,
^4J = 2.4 Hz, 1H, H$_{arom}$), 6.83 (d, ^4J = 2.4 Hz, 1H, H$_{arom}$), 3.68 (s, 2H), 3.61 (s, 2H), 3.27
(t, ^3J = 5.4 Hz, 2H, H$_{Henkel}$), 3.17 (s, 3H, OMe), 2.59 (t, ^3J = 5.4 Hz, 2H, H$_{Henkel}$), 1.71
(s, 6H, CMe_2Ph), 1.64 (s, 6H, CMe_2Ph),1.42 (s, 9H, tBu), 1.29 (s, 9H, tBu).

^{13}C-NMR (75 MHz, CDCl$_3$, 300 K): δ (ppm) = 153.3, 151.7, 151.2, 150.2, 140.7,
140.4, 135.7, 135.4, 128.0, 127.8, 127.4, 126.7, 125.9, 125.4, 125.4, 124.8, 124.4,
123.1, 122.8, 121.6, 71.0, 58.5, 58.3, 56.0, 51.4, 42.5, 41.9, 34.9, 34.0, 31.7, 31.0,
29.6, 29.3.

ESI-MS (*iso*-Propanol): 636.6 [M]$^+$

EA: berechnet: C 81.22 H 9.03 N 2.20
gefunden: C 81.39 H 9.24 N 2.01

H$_2$(ONOO)^{tBu,CMe_2Ph} (20):

C$_{37}$H$_{45}$NO$_3$
M: 551.77

20

Eine säulenchromatographische Aufreinigung (SiO$_2$, Hexan/EtOAc = 12:1 → 9:1) liefert das gewünschte Produkt.

Ausbeute: 64% (farbloser Feststoff)

DC: R_f = 0.25 (Hexan/EtOAc = 20:1) [UV]

¹H-NMR (300 MHz, CDCl₃, 300 K): δ (ppm) = 7.33 – 7.12 (m, 11H, H$_{arom}$), 6.84 (s, 2H, H$_{arom}$), 6.57 (d, ^4J = 2.2 Hz, 1H, H$_{arom}$), 3.63 (d, ^2J = 3.0 Hz, 4H, ArCH_2), 3.33 (t, ^3J = 5.3 Hz, 2H, H$_{Henkel}$), 3.22 (s, 3H, OMe), 2.56 (t, ^3J = 5.3 Hz, 2H, H$_{Henkel}$), 2.18 (s, 6H), 1.69 (s, 6H), 1.63 (s, 6H).

¹³C-NMR (75 MHz, CDCl₃, 300 K): δ (ppm) = 151.2, 150.2, 135.2, 128.3, 128.2, 127.9, 126.7, 125.8, 125.4, 120.9, 71.1, 58.7, 56.3, 56.0, 50.9, 42.5, 42.0, 31.0, 29.5, 20.4, 16.0.

ESI-MS (*iso*-Propanol): 552.5 [M]⁺

EA: berechnet: C 80.54   H 8.22   N 2.54

gefunden: C 80.50   H 8.32   N 2.56

H₂(ONOO)^{tBu,Me,CPh3} (21):[65]

21

Eine Umkristallisation aus Methanol liefert das gewünschte Produkt.

Ausbeute: 40% (hellgelber Feststoff)

¹H-NMR (300 MHz, CDCl₃, 300 K): δ (ppm) = 7.32 – 7.10 (m, 16H, H$_{arom}$), 6.93 (br s, 1H, H$_{arom}$), 6.85 (br s, 2H, H$_{arom}$), 3.78 (s, 2H, ArCH_2), 3.60 (s, 2H, ArCH_2), 3.32 – 3.24 (m, 2H, H$_{Henkel}$), 3.16 (s, 3H, CH_3), 2.56 (t, ^3J = 5.6 Hz, 2H, H$_{Henkel}$), 2.16 (s, 3H, CH_3), 1.39 (s, 9H, ^{t}Bu), 1.27 (s, 9H, ^{t}Bu).

^{13}C-NMR (75 MHz, CDCl$_3$, 300 K): δ (ppm) = 145.1, 131.0, 127.4, 126.0, 124.2, 58.6, 31.6, 29.6, 20.9.

ESI-MS (Toluol): 656.2 [M]$^+$

EA: berechnet: C 82.40 H 8.14 N 2.14

gefunden: C 81.29 H 8.08 N 2.16

H$_2$(ONOO)^{tBu,tBu,CPh_3} (22):

C$_{48}$H$_{59}$NO$_3$
M: 698.00

22

Eine säulenchromatographische Aufreinigung (SiO$_2$, 5.5 × 29 cm, Hexan/EtOAc = 20:1 → 11:1) und ein anschließendes Gefriertrocknen aus Benzol liefert das gewünschte Produkt.

Ausbeute: 43% (farbloser Feststoff)

DC: R_f = 0.25 (Hexan/EtOAc = 20:1) [UV]

^{1}H-NMR (300 MHz, CDCl$_3$, 300 K): δ (ppm) = 7.17 – 7.13 (m, 6H, H$_{arom}$), 7.10 (m, 10H, H$_{arom}$), 7.06 (d, ^4J = 2.4 Hz, 1H, H$_{arom}$), 6.96 (d, ^4J = 2.4 Hz, 1H, H$_{arom}$), 6.75 (d, ^4J = 2.4 Hz, 1H, H$_{arom}$), 3.68 (s, 2H, ArCH_2), 3.55 (s, 2H, ArCH_2), 3.21 (t, ^3J = 5.6 Hz, 2H, H$_{Henkel}$), 3.07 (s, 3H, OMe), 2.48 (t, ^3J = 5.6 Hz, 2H, H$_{Henkel}$), 1.18 (s, 9H, ^{t}Bu), 1.04 (s, 9H, ^{t}Bu).

^{13}C-NMR (126 MHz, CDCl$_3$, 300 K): δ (ppm) = 153.9, 151.6, 145.2, 141.6, 140.5, 135.8, 133.2, 131.2, 128.5, 127.9, 127.6, 127.2, 126.2, 124.3, 123.8, 123.1, 121.7, 70.9, 63.4, 58.8, 58.7, 54.7, 51.3, 35.1, 34.3, 34.2, 31.8, 31.6, 29.9.

EA: berechnet: C 82.60 H 8.52 N 2.01

gefunden: C 82.58 H 8.63 N 2.00

6.4 Komplexsynthese

Synthese von LiCH$_2$TMS (39) [71-72]

$$\underset{}{>\!\!Si\!\!\diagdown\!\!Cl} \xrightarrow[\text{(Hexan)}]{\text{Li-Granalien, 16 h, 35 °C}} \underset{}{>\!\!Si\!\!\diagdown\!\!Li}$$

C$_4$H$_{11}$LiSi
M: 94.16

39

Es werden 1.44 g Lithium-Granalien (207 mmol, 3.35 Äq.) in 70 mL Pentan suspendiert und anschließend 8.80 mL Chlormethyltrimethylsilan (63.0 mmol, 1.0 Äq.) zugetropft. Das Reaktionsgemisch wird für 16 h bei 35 °C gerührt, wobei mehrmals für 10 Min das Lithium im Ultraschallbad von anhaftendem Lithiumchlorid befreit wird. Nach Abkühlen wird die Suspension filtriert, mit 3 × 10 mL Hexan nachgewaschen und das Lösungsmittel unter Vakuum entfernt. Es werden 5.46 g Produkt (58.0 mmol, 92%) als farbloser Feststoff erhalten.

^{1}H-NMR (300 MHz, C$_6$D$_6$, 300 K): δ (ppm) = 0.16 (s, 9H, H$_{TMS}$), -2.06 (s, 2H, CH$_2$).

^{13}C-NMR (75 MHz, C$_6$D$_6$, 300 K): δ (ppm) = 3.2 (C$_{TMS}$), -5.0 (br s, *CH$_2$*).

EA: berechnet: C 51.03 H 11.78

gefunden: C 51.03 H 11.86

6.4.1 Allgemeine Synthesevorschrift für die Precursorherstellung [69, 77]

$$LnCl_3 \xrightarrow[\text{(THF)}]{60\ °C,\ 90\ Min} LnCl_3(THF)_{3,5} \xrightarrow[\text{(Pentan)}]{LiCH_2TMS\ \textbf{(39)},\ 0\ °C,\ 2\ h} TMSH_2C-Ln \overset{\overset{O}{|}\ ,,CH_2TMS}{\underset{O}{\overset{}{\diagdown CH_2TMS}}}$$

Ln = Y,Lu

33 Ln = Y
34 Ln = Lu

Es werden 1.0 Äquivalente des Lanthanoidchlorids in Tetrahydrofuran (Ln = Y ca.-2.0 Gew.-%; Ln = Lu ca. 1.0 Gew.-%) suspendiert und für 90 Min bei 60 °C gerührt. Das Lösungsmittel wird unter Vakuum entfernt und der erhaltene farblose Feststoff in Pentan (ca. 3.0 Gew.-%) suspendiert. Die Suspension wird auf 0 °C gekühlt und eine Lösung von 3.03 Äquivalenten LiCH$_2$TMS in Pentan (ca. 9 Gew.-%) tropfenweise zugegeben. Bei dieser Temperatur wird für weitere 2 Stunden gerührt und anschließend die Lösung vom entstandenen LiCl abgetrennt. Der Rückstand wird dreimal mit Pentan nachgewaschen und dann das Lösungsmittel unter Vakuum entfernt. Der erhaltene Feststoff wird ohne weitere Reinigung und Analytik sofort zur Katalysatorherstellung umgesetzt.

Y(CH$_2$TMS)$_3$(THF)$_2$ (33): Ausbeute: 76% (farbloser Feststoff)

Lu(CH$_2$TMS)$_3$(THF)$_2$ (34): Ausbeute: 66% (farbloser Feststoff)

6.4.2 Allgemeine Synthesevorschrift zur Katalysatorherstellung
(ONOO)^{R}Ln(CH$_2$TMS)(THF):[6]

Ln(CH$_2$TMS)$_3$(THF)$_2$ H$_2$(ONOO)^R (ONOO)^{R}Ln(CH$_2$TMS)(THF)

33 Ln = Y   18 R$_{1,2,3,4}$ = ^{t}Bu   7 Ln = Y, 18
34 Ln = Lu   19 R$_{1,2}$ = ^{t}Bu R$_{3,4}$ = CMe$_2$Ph   35 Ln = Lu, 18
                   22 R$_{1,2,4}$ = ^{t}Bu R$_3$ = CPh$_3$ 36 Ln = Y, 19
                                                      37 Ln = Y, 22

Es werden 1.0 Äquivalente des Liganden H$_2$(ONOO)^R (**18, 19, 22**) in Toluol gelöst und zu einer Lösung aus 1.0 Äquivalenten Ln(CH$_2$TMS)$_3$(THF)$_2$ (**33**, **34**) in Pentan bei 0 °C getropft. Die Lösung wird noch zwei Stunden bei 0 °C und anschließend über Nacht auf Raumtemperatur gerührt. Das Lösungsmittel wird unter Vakuum entfernt und der erhaltene Feststoff mit Pentan gewaschen oder gegebenenfalls aus Pentan umkristallisiert.

(ONOO)^{tBu}Y(CH$_2$TMS)(THF)(7)[67]:

C$_{41}$H$_{70}$NO$_4$SiY
M: 758.00

7

Ausbeute: 43% (farbloser Feststoff)

¹H-NMR (300 MHz, C_6D_6, 300 K): δ (ppm) = 7.61 (d, ^4J = 2.6 Hz, 2H, H_{arom}), 7.09 (d, ^4J = 2.6 Hz, 2H, H_{arom}), 4.00 – 3.89 (m, 4H, H_{THF}), 3.78 (d, ^2J = 12.4 Hz, 2H, ArCH_2), 2.89 (d, ^2J = 12.4 Hz, 2H, ArCH_2), 2.78 (s, 3H, O*Me*), 2.42 (t, ^3J = 5.4 Hz, 2H, H_{Henkel}), 2.20 (t, ^3J = 5.4 Hz, 2H, H_{Henkel}), 1.81 (s, 18H, *t*Bu), 1.46 (s, 18H, *t*Bu), 1.19 – 1.11 (m, 4H, H_{THF}), 0.52 (s, 9H, H_{TMS}), -0.38 (d, $^2J_{Y,H}$ = 3.3 Hz, 2H, CH$_2$TMS).

¹³C-NMR (126 MHz, C_6D_6, 300 K): δ (ppm) = 161.6 (d, $^2J_{C,Y}$ = 1.8 Hz), 136.8, 136.6, 125.6, 124.4, 124.1, 74.0, 71.7, 64.9, 61.3, 49.3, 35.6, 34.3, 32.3, 30.3, 25.4, 25.1, 4.9.

(ONOO)^{tBu}Lu(CH$_2$TMS)(THF) (35):

C$_{41}$H$_{70}$LuNO$_4$Si
M: 844.07

35

Ausbeute: 75% (farbloser Feststoff)

¹H-NMR (300 MHz, C_6D_6, 300 K): δ (ppm) = 7.63 (d, ^4J = 2.6 Hz, 2H, H_{arom}), 7.08 (d, ^4J = 2.6 Hz, 2H, H_{arom}), 3.97 (s, 4H, H_{THF}), 3.81 (d, ^2J = 12.4 Hz, 2H, ArCH_2), 2.87 (d, ^2J = 12.4 Hz, 2H, ArCH_2), 2.78 (s, 3H, O*Me*), 2.43 (t, ^3J = 5.5 Hz, 2H, H_{Henkel}), 2.17 (t, ^3J = 5.5 Hz, 2H, H_{Henkel}), 1.81 (s, 18H, *t*Bu), 1.47 (s, 18H, *t*Bu), 1.23 – 1.09 (m, 4H, H_{THF}), 0.51 (s, 9H, H_{TMS}), -0.50 (s, 2H, CH_2TMS).

¹³C-NMR (126 MHz, C_6D_6, 300 K): δ (ppm) = 162.1, 137.1, 136.6, 125.5, 124.5, 123.9, 74.4, 72.3, 64.9, 61.7, 49.4, 35.6, 34.2, 32.3, 30.3, 29.6, 25.0, 5.0.

EA: berechnet: C 58.34   H 8.36   N 1.66
          gefunden: C 58.75   H 8.57   N 1.73

$(ONOO)^{tBu,CMe_2Ph}Y(CH_2TMS)(THF)$ (36):

$C_{51}H_{74}NO_4SiY$
M: 882.15

36

Ausbeute: 47% (farbloser Feststoff)

¹H-NMR (300 MHz, C_6D_6, 300 K): δ (ppm) = 7.68 (d, ^4J = 2.6 Hz, 1H, H_{arom}) 7.58 (d, ^2J = 2.6 Hz, 1H, H_{arom}), 7.50 (d, ^3J = 7.5 Hz, 2H, H_{arom}), 7.46 – 7.40 (m, 2H, H_{arom}), 7.25 – 7.18 (m, 4H, H_{arom}), 7.11 (t, ^3J = 7.5 Hz, 1H, H_{arom}), 7.00 (d, ^4J = 2.6 Hz, 1H, H_{arom}), 6.97 (t, ^3J = 7.5 Hz, 1H, H_{arom}), 6.88 (d, ^4J = 2.6 Hz, 1H, H_{arom}), 3.63 – 3.28 (m, 6H, ArCH_2+H_{THF}), 2.72 (s, 3H), 2.64 (m, 2H, ArCH_2), 2.49 – 2.37 (m, 2H), 2.16 – 2.10 (m, 1H), 2.07 (s, 3H), 2.02 (m, 1H), 1.80 (m, 18H), 1.45 (s, 9H), 1.14 – 1.05 (m, 4H, H_{THF}), 0.49 (s, 9H, H_{TMS}), -0.55 – -0.65 (m, 2H, CH_2TMS).

¹³C-NMR (126 MHz, C_6D_6, 300 K): δ (ppm) = 161.6 (d, $^2J_{C,Y}$ = 2.4 Hz), 161.2 (d, $^2J_{C,Y}$ = 2.3 Hz), 136.7, 136.5, 136.2, 136.1, 128.5, 128.4, 128.3, 128.1, 127.9, 127.3, 126.4, 125.9, 125.8, 125.6, 124.5, 124.4, 124.3, 124.0, 73.9, 71.3, 64.6, 64.2, 61.2, 49.0, 42.7, 42.6, 35.6, 34.4, 34.2, 32.4, 32.3, 31.7 (d, $^1J_{C,Y}$ = 14.9 Hz), 30.4, 28.2, 25.2, 25.0, 24.9, 22.7.

EA: berechnet: C 69.44 H 8.46 N 1.59
gefunden: C 68.99 H 8.48 N 1.61

$(ONOO)^{tBu\ tBu,CPh_3}Y(CH_2TMS)(THF)$ (37):

$C_{56}H_{76}NO_4SiY$

M: 944.22

37

Ausbeute: 45% (farbloser Feststoff)

^{1}**H-NMR** (500 MHz, C_6D_6, 300 K): δ (ppm) = 7.63 (d, ^4J = 2.6 Hz, 1H, H_{arom}), 7.59 (d, ^4J = 2.6 Hz, 1H, H_{arom}), 7.58 – 7.53 (m, 7H, H_{arom}), 7.18 (d, J = 2.6 Hz, 1H, H_{arom}), 7.14 (t, ^3J = 7.6 Hz, 4H, H_{arom}), 7.05 (d, ^2J = 2.6 Hz, 1H, H_{arom}), 6.99 (t, ^3J = 7.6 Hz, 4H, H_{arom}), 3.66 (d, ^2J = 12.4 Hz, 1H, CH_aH_bAr), 3.59 (d, ^2J = 12.4 Hz, 1H, CH_aH_bAr), 3.52 – 3.37 (m, 4H, H_{THF}), 2.91 – 2.78 (m, 2H), 2.77 (s, 3H, OMe), 2.62 – 2.55 (m, 1H), 2.52 – 2.44 (m, 1H), 2.40 – 2.31 (m, 1H), 2.02 – 1.94 (m, 1H), 1.77 (s, 9H, tBu), 1.46 (s, 9H, tBu), 1.37 (s, 9H, tBu), 1.16 (br s, 4H, H_{THF}), 0.30 (s, 9H, H_{TMS}), -1.05 (dd, $^2J_{H,Y}$ = 3.2 Hz, ^2J = 10.9 Hz, 1H, CH_2TMS), -1.29 (dd, $^2J_{H,Y}$ = 3.4 Hz, ^2J = 10.9 Hz, 1H, CH_2TMS).

^{13}**C-NMR** (126 MHz, C_6D_6, 300 K): δ (ppm) = 161.6 (d, $^2J_{C,Y}$ = 19.4 Hz), 136.6, 136.4, 136.1, 134.8, 131.8, 130.3, 128.1, 127.9, 127.4, 126.9, 125.3, 124.4, 74.0, 71.4, 65.0, 64.6, 64.3, 61.7, 49.6, 35.7, 34.4, 34.2 (d, $^1J_{C,Y}$ = 3.7 Hz), 32.3, 32.1, 30.5, 25.0, 22.7, 14.3, 4.9, 1.4.

EA: berechnet: C 71.24 H 8.11 N 1.48

       gefunden: C 70.98 H 8.32 N 1.60

[(ONOO)^{Me,CMe_2Ph}Y(CH$_2$TMS)]$_2$ (38):

C$_{82}$H$_{108}$N$_2$O$_6$Si$_2$Y$_2$
M: 1451.76

38

Analog der Komplexsynthese 4.1.2 wird der Komplex **38** als dimere Struktur erhalten.

Ausbeute: 56% (farbloser Feststoff)

^{1}H-NMR (500 MHz, C$_6$D$_6$, 300 K): δ (ppm) = 7.44 (d, ^4J = 2.5 Hz, 2H, H$_{arom}$), 7.37 – 7.30 (m, 8H, H$_{arom}$), 7.20 (t, ^3J = 7.6 Hz, 4H, H$_{arom}$), 7.12 – 7.06 (m, 6H, H$_{arom}$), 6.97 (d, ^4J = 2.5 Hz, 2H, H$_{arom}$), 6.95 (t, ^3J = 7.6 Hz, 2H, H$_{arom}$), 6.74 (d, ^4J = 2.3 Hz, 2H, H$_{arom}$), 6.61 (d, ^4J = 2.3 Hz, 2H, H$_{arom}$), 4.96 (d, ^2J = 12.7 Hz, 2H, CH_2Ar), 4.71 (d, ^2J = 12.7 Hz, 2H, CH_2Ar), 3.18 (d, ^2J = 12.7 Hz, 2H, CH_2Ar), 2.74 (d, ^2J = 12.7 Hz, 2H, CH_2Ar), 2.45 (s, 6H, OMe), 2.39 – 2.21 (m, 4H, H$_{Henkel}$), 2.20 (s, 6H), 2.14 (s, 6H), 2.12 – 2.08 (m, 4H, H$_{Henkel}$), 1.84 (s, 6H), 1.77 (s, 6H), 1.69 (s, 6H), 1.69 (s, 6H), 0.27 (s, 18H, H$_{TMS}$), -0.91 (dd, ^2J = 11.2 Hz, $^2J_{H,Y}$ = 3.1 Hz, 2H, CH_2TMS), -1.00 (dd, ^2J = 11.2 Hz, $^2J_{H,Y}$ = 3.1 Hz, 2H, CH_2TMS).

^{13}C-NMR (126 MHz, C$_6$D$_6$, 300 K): δ (ppm) = 160.8 (d, $^2J_{C,Y}$ = 3.4 Hz), 153.8, 152.1, 151.6, 137.3, 136.5, 133.4, 129.5, 129.3, 129.2, 128.8, 127.5, 127.2, 126.5, 125.7, 125.6, 125.0, 124.2, 73.0, 64.6, 63.3, 60.8, 49.7, 43.0, 42.7, 31.5 (d, $^1J_{C,Y}$ = 11.3 Hz), 31.2, 28.9, 26.9, 26.5, 20.6, 17.6, 5.3.

EA: berechnet: C 67.84 H 7.50 N 1.93
gefunden: C 67.87 H 7.35 N 2.02

6.5   C-H-Bindungsaktivierung von Heteroaromaten

Allgemeine Synthesevorschrift[31, 48]

(ONOO)^{R}Ln((4,6-dimethylpyridin-2-yl)methyl)(THF)

Ln = Y,Lu

[(ONOO)^{R}Y(THF)]$_2$((dimethylpyrazin-diyl)dimethyl)

1.0 Äquivalente des jeweiligen Katalysators mit Alkylinitiator werden in Toluol gelöst, mit 1.0 Äquivalenten 2,4,6-Trimethylpyrazin oder 0.5 Äquivalenten 2,3,5,6-
Tetramethylpyrazin versetzt und über einen angegebenen Zeitraum bei einer bestimmten Temperatur gerührt. Das Lösungsmittel wird unter Vakuum entfernt und das erhaltene Öl mit Pentan gewaschen oder gegebenenfalls aus Pentan umkristallisiert.

(ONOO)^{tBu}Y((4,6-dimethylpyridin-2-yl)methyl))(THF) (40):

$C_{45}H_{69}N_2O_4Y$
M: 790.96

40

Nach der allgemeinen Arbeitsvorschrift wird die gelbe Reaktionslösung über Nacht bei 60 °C gerührt.

Ausbeute: 31% (gelber Feststoff)

^{1}H-NMR (300 MHz, C$_6$D$_6$, 300 K): δ (ppm) = 7.58 (d, ^4J = 2.6 Hz, 2H, H$_{arom}$), 7.14 (d, ^4J = 2.6 Hz, 2H, H$_{arom}$), 6.57 (s, 1H, H$_{arom,pyr}$), 5.76 – 5.68 (s, 1H, H$_{arom,pyr}$), 4.08 (d, ^2J = 12.6 Hz, 2H, ArCH_2), 3.77 – 3.64 (br, 4H, H$_{THF}$), 2.98 (d, ^2J = 12.6 Hz, 2H, ArCH_2), 2.80 (d, $^2J_{H,Y}$ = 2.9 Hz, 2H, Ar$_{pyr}$CH_2), 2.76 (t, ^3J = 5.4 Hz, 2H, H$_{Henkel}$), 2.58 (s, 3H, CH_3), 2.40 (t, ^3J = 5.4 Hz, 2H, H$_{Henkel}$), 2.14 (s, 3H, CH_3), 2.01 (s, 3H, CH_3), 1.65 (s, 18H, tBu), 1.48 (s, 18H, tBu), 1.18 – 1.09 (br m, 4H, H$_{THF}$).

^{13}C-NMR (75 MHz, C$_6$D$_6$, 300 K): δ (ppm) = 167.4 (d, $^2J_{C,Y}$ = 1.0 Hz), 161.7 (d, $^2J_{C,Y}$ = 2.6 Hz), 155.8, 145.4, 136.6, 136.4, 125.8, 124.5, 124.1, 116.0, 109.0, 72.8, 70.8, 65.2, 59.5, 52.8 (d, $^1J_{C,Y}$ = 6.8 Hz), 49.5, 35.4, 34.3, 32.3, 30.3, 25.1, 23.5, 21.3.

EA: berechnet: C 68.33 H 8.79 N 3.54
gefunden: C 68.60 H 9.05 N 3.67

[(ONOO)^{tBu}Y(THF)]$_2$((dimethylpyrazin-diyl)dimethyl)) (41):

$C_{82}H_{128}N_4O_6Y_2$
M: 1475.76

41

Nach der allgemeinen Arbeitsvorschrift wird die gelbe Reaktionslösung über Nacht bei 60 °C gerührt.

Ausbeute: 65% (orangefarbener Feststoff)

^{1}H-NMR (300 MHz, C$_6$D$_6$, 300 K): δ (ppm) = 7.61 (d, ^4J = 2.5 Hz, 4H, H$_{arom}$), 7.16 (d, ^4J = 2.5 Hz, 4H, H$_{arom}$), 4.13 (d, ^3J = 12.5 Hz, 4H), 3.85 (br s, 8H, H$_{THF}$), 3.42 (br s, 4H), 3.00 (d, ^2J = 12.5 Hz, 4H), 2.82 (s, 4H), 2.74 (s, 6H, OMe), 2.44 (s, 4H), 2.10 (s, 6H,$Me$$_{TMPy}$), 1.80 (s, 36H, ^{t}Bu), 1.48 (s, 36H, ^{t}Bu), 1.20 (br s, 8H, H$_{THF}$).

^{13}C-NMR (126 MHz, C$_6$D$_6$, 300 K): δ (ppm) = 162.0 (d, $^2J_{C,Y}$ = 2.4 Hz), 152.4, 136.9, 136.3, 125.8, 124.5, 124.2, 123.1, 72.7, 70.8, 65.3, 59.6, 55.8, 49.3, 35.8, 34.3, 32.3, 30.7, 25.2, 18.9.

EA: berechnet: C 66.74   H 8.74   N 3.80
        gefunden: C 66.38   H 8.82   N 3.90

(ONOO)^{tBu}Lu((4,6-dimethylpyridin-2-yl)methyl))(THF) (42):

$C_{45}H_{69}LuN_2O_4$
M: 877.02

42

Nach der allgemeinen Arbeitsvorschrift wird die gelbe Reaktionslösung 9 Tage bei 80 °C gerührt.

Ausbeute: 64% (gelber Feststoff)

^{1}H-NMR (500 MHz, C$_6$D$_6$, 300 K): δ (ppm) = 7.59 (d, ^4J = 2.6 Hz, 2H, H$_{arom}$), 7.05 (d, ^4J = 2.6 Hz, 2H, H$_{arom}$), 6.67 (s, 1H, H$_{arom,pyr}$), 5.91 (s, 1H, H$_{arom,pyr}$), 3.81 (d, ^2J = 12.7 Hz, 2H, ArCH_2), 3.74 (t, J = 6.4 Hz, 2H), 3.12 (d, ^2J = 12.7 Hz, 2H, ArCH_2), 2.81 (s, 3H, CH_3), 2.69 (t, ^3J = 5.4 Hz, 2H, H$_{Henkel}$), 2.60 (s, 2H, Ar$_{pyr}$CH_2), 2.22 (s, 5H, CH_3 + CH_2), 2.00 (s, 3H. CH_3), 1.62 (s, 18H, tBu), 1.46 (s, 18H, tBu), 1.17 – 1.11 (m, 2H).

^{13}C-NMR (126 MHz, C$_6$D$_6$, 300 K): δ (ppm) = 167.4 (d, $^2J_{C,Y}$ = 1.0 Hz), 161.7 (d, $^2J_{C,Y}$ = 2.6 Hz), 155.8, 145.4, 136.6, 136.4, 125.8, 124.5, 124.1, 116.0, 109.0, 72.8, 70.8, 65.2, 59.5, 52.8 (d, $^1J_{C,Y}$ = 6.8 Hz), 49.5, 35.4, 34.3, 32.3, 30.3, 25.1, 23.5, 21.3.

EA: berechnet: C 61.63 H 7.93 N 3.19
gefunden: C 61.65 H 8.05 N 3.08

(ONOO)^{tBu,CMe_2Ph}Y((4,6-dimethylpyridin-2-yl)methyl))(THF)(44):

C$_{55}$H$_{73}$N$_2$O$_4$Y
M: 915.10

44

Nach der allgemeinen Arbeitsvorschrift wird die gelbe Reaktionslösung 6 Tage bei Raumtemperatur gerührt.

Ausbeute: 48% (gelber Feststoff)

^{1}H-NMR (500 MHz, C$_6$D$_6$, 300 K): δ (ppm) = 7.64 (d, ^4J = 2.6 Hz, 1H, H$_{arom}$), 7.54 (d, ^4J = 2.6 Hz, 1H, H$_{arom}$), 7.45 (d, ^3J = 7.6 Hz, 2H, H$_{arom}$), 7.37 (d, ^3J = 7.6 Hz, 2H, H$_{arom}$), 7.26 – 7.22 (m, 3H, H$_{arom}$), 7.13 – 7.09 (m, 3H, H$_{arom}$), 7.05 (d, ^4J = 2.6 Hz, 1H, H$_{arom}$), 6.92 (d, ^4J = 2.6 Hz, 1H, H$_{arom}$), 6.60 (s, 1H, H$_{arom.pyr}$), 5.77 (s, 1H, H$_{arom.pyr}$), 3.87 – 3.66 (m, 2H, ArCH_2), 3.30 (br s, 4H, H$_{THF}$), 2.94 – 2.80 (m, 2H), 2.74 – 2.59 (m, 2H), 2.55 (s, 2H), 2.53 (s, 3H), 2.31 – 2.08 (m, 5H), 2.03 (s, 3H), 1.92 (s, 3H), 1.83 (s, 3H), 1.81 (s, 3H), 1.69 (s, 3H), 1.57 (s, 9H, tBu), 1.46 (s, 9H, tBu), 1.16 (t, ^3J = 6.3 Hz, 4H, H$_{THF}$).

^{13}C-NMR (75 MHz, C$_6$D$_6$, 300 K): δ (ppm) = 167.5, 161.6, 161.1, 155.8, 153.2, 152.5, 145.5, 136.7, 136.5, 136.4, 135.8, 127.5, 127.3, 126.6, 125.8, 125.7, 125.19, 124.7, 124.3, 124.2, 124.0, 116.4, 109.2, 72.5, 70.1, 64.1, 59.6, 52.5, 49.2, 42.7, 42.2, 35.4, 34.28, 32.3, 31.8, 31.7, 30.3, 30.2, 27.9, 25.2, 24.4, 23.6, 22.7, 21.2, 20.5, 14.3.

EA: berechnet: C 72.19 H 8.04 N 3.06
        gefunden: C 71.85 H 8.08 N 3.08

6.6 Kristallographische Daten

6.6.1 $(ONOO)^{tBu}Y((4,6-dimethylpyridin-2-yl)methyl))(THF)$ (40)

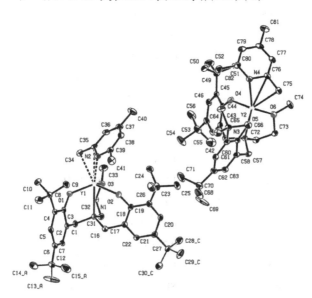

Identifikationscode	AltPe4 AP6270-123
Chemische Formel	$C_{82}H_{122}N_4O_6Y_2$
Molekulargewicht	1437.65
Temperatur	123(3) K
Wellenlänge	0.71073 Å
Kristallgröße	0.231×0.232×0.246 mm
Optische Erscheinung	klares, hellgelbes Fragment
Kristallsystem	monoklin
Raumgruppe	P 1 21/c 1
Zellparameter	a = 30.729(3) Å α = 90°
	b = 17.3329(14) Å β = 91.915(4)°
	c = 14.8368(12) Å γ = 90°

Volumen	7898.0(11) Å³
Z	4
Berechnete Dichte	1.209 g/cm³
Absorptionskoeffizient	1.514 mm⁻¹
F(000)	3072
Diffraktometer	*Bruker* Kappa APEX II CCD
Strahlungsquelle	FR591 rotating anode, Mo
Bereich von Theta	1.35 bis 25.39°
Indexbereiche	-36 <= h <= 34, -20 <= k <= 20, -17 <= l <= 17
Gesammelte Reflexe	101335
Unabhängige Reflexe	14469 [R(int) = 0.0457]
Abdeckung unabhängiger Reflexe	99.7%
Absorptionskorrektur	multi-scan
Max. und min. Transmission	0.7210 und 0.7070
Optimierungsmethode	Full-matrix least-squares on F²
Optimierungsprogramm	SHELXL-2014 (Sheldrick, 2014)
Minimierungsfunktion	$\Sigma\ w(F_o^2 - F_c^2)^2$
Daten/Einschränkungen/Parameter	14469 / 60 / 951
Goodness-of-fit on F²	1.113
Δ/σ_{max}	0.002
Finale R-Indizes	12448 data; I>2σ(I) R1 = 0.0344, wR2 = 0.0756
	all data R1 = 0.0442, wR2 = 0.0786
Weighting scheme	w=1/[σ²(F_o²)+(0.0196P)²+9.1903P] mit P=(F_o²+2F_c²)/3
Größte Berg-Tal-Differenz	0.367 und -0.377 Å
R.M.S. Abweichung vom Mittelwert	0.052 Å

6.6.2 [(ONOO)^{tBu}Y(THF)]_2((dimethylpyrazin-diyl)dimethyl)) (41)

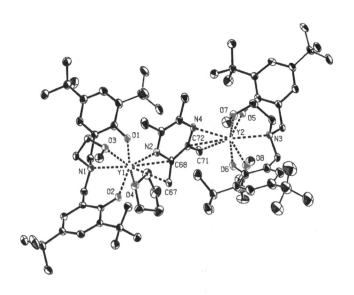

Identifikationscode	AltPe8_1	
Chemische Formel	$C_{82}H_{128}N_4O_8Y_2$	
Molekulargewicht	1475.70	
Temperatur	123(2) K	
Wellenlänge	0.71073 Å	
Kristallgröße	0.254×0.340×0.585 mm	
Kristallsystem	triklin	
Raumgruppe	P -1	
Zellparameter	a = 15.1659(4) Å	α = 92.6120(10)°
	b = 16.9562(5) Å	β = 110.767(4)°
	c = 21.1958(6) Å	
	γ = 112.5910(10)°	
Volumen	4599.2(2) Å³	

Z	2
Berechnete Dichte	1.065 g/cm³
Absorptionskoeffizient	1.303 mm⁻¹
F(000)	1580
Diffraktometer	*Bruker* Kappa APEX II CCD
Strahlungsquelle	FR591 rotating anode, Mo
Bereich von Theta	1.51 bis 25.35°
Indexbereiche	-18 <= h <= 18, -20 <= k <= 20, -25 <= l <= 25
Gesammelte Reflexe	94197
Unabhängige Reflexe	16865 [R(int) = 0.0527]
Abdeckung unabhängiger Reflexe	100.0%
Absorptionskorrektur	multi-scan
Max. und min. Transmission	0.7330 und 0.5160
Optimierungsmethode	Full-matrix least-squares on F²
Optimierungsprogramm	SHELXL-2014/6 (Sheldrick, 2014)
Minimierungsfunktion	$\Sigma\ w(F_o{}^2 - F_c{}^2)^2$
Daten/Einschränkungen/Parameter	16865 / 612 / 1067
Goodness-of-fit on F²	1.038
Δ/σ_{max}	0.003
Finale R-Indizes	13736 data; I>2σ(I) R1 = 0.0370, wR2 = 0.0968
	all data R1 = 0.0501, wR2 = 0.1023
Weighting scheme	w=1/[σ²(F$_o$²)+(0.0524P)²+2.7062P] mit P=(F$_o$²+2F$_c$²)/3
Größte Berg-Tal-Differenz	0.757 und -0.953 Å
R.M.S. Abweichung vom Mittelwert	0.058 Å

Literaturverzeichnis

[1] Y. Tokiwa, B. P. Calabia, C. U. Ugwu, S. Aiba, *International Journal of Molecular Sciences* **2009**, *10*, 3722-3742.

[2] B. S. Soller, N. Zhang, B. Rieger, *Macromol. Chem. Phys.* **2014**, *215*, 1946-1962.

[3] O. W. Webster, *Adv. Polym. Sci.* **2004**, *167*, 1-34.

[4] PlasticsEurope, in *Internet* (Ed.: PlasticsEurope), **2008**, p. 24.

[5] E. Wintermantel, S.-W. Ha, *Medizintechnik: Life Science Engineering, Vol. 1*, Springer Science & Business Media, **2009**.

[6] P. T. Altenbuchner, B. S. Soller, S. Kissling, T. Bachmann, A. Kronast, S. I. Vagin, B. Rieger, *Macromolecules (Washington, DC, U. S.)* **2014**, *47*, 7742-7749.

[7] T. J. Martin, K. Procházka, P. Munk, S. E. Webber, *Macromolecules* **1996**, *29*, 6071-6073.

[8] M. F. Schulz, A. K. Khandpur, F. S. Bates, K. Almdal, K. Mortensen, D. A. Hajduk, S. M. Gruner, *Macromolecules* **1996**, *29*, 2857-2867.

[9] N.-G. Kang, B.-G. Kang, H.-D. Koh, M. Changez, J.-S. Lee, *Reactive and Functional Polymers* **2009**, *69*, 470-479.

[10] H. Yasuda, *Journal of Organometallic Chemistry* **2002**, *647*, 128-138.

[11] W. J. Evans, L. A. Hughes, D. K. Drummond, H. Zhang, J. L. Atwood, *Journal of the American Chemical Society* **1986**, *108*, 1722-1723.

[12] S. Collins, D. G. Ward, *Journal of the American Chemical Society* **1992**, *114*, 5460-5462.

[13] S. Collins, D. G. Ward, K. H. Suddaby, *Macromolecules* **1994**, *27*, 7222-7224.

[14] H. Yasuda, H. Yamamoto, K. Yokota, S. Miyake, A. Nakamura, *Journal of the American Chemical Society* **1992**, *114*, 4908-4910.

[15] Y. Hajime, I. Eiji, N. Yuu, K. Takamaro, M. Masakazu, N. Mitsufumi, in *Functional Polymers, Vol. 704*, American Chemical Society, **1998**, pp. 149-162.

[16] N. Zhang, S. Salzinger, B. S. Soller, B. Rieger, *J. Am. Chem. Soc.* **2013**, *135*, 8810-8813.

[17] Y. Nakayama, H. Yasuda, *Journal of Organometallic Chemistry* **2004**, *689*, 4489-4498.

[18] J. E. Huheey, E. A. Keiter, R. L. Keiter, *Anorganische Chemie - Prinzipien von Struktur und Reaktivität, Vol. 4*, De Gruyter, Berlin, **2012**.

[19] P. Lionel, M. Laurent, E. Odile, in *Activation and Functionalization of C?H Bonds, Vol. 885*, American Chemical Society, **2004**, pp. 116-133.

[20] Z. Hou, Y. Wakatsuki, *Coordination Chemistry Reviews* **2002**, *231*, 1-22.

[21] S. Salzinger, B. Rieger, *Macromol. Rapid Commun.* **2012**, *33*, 1327-1345.

[22] U. B. Seemann, J. E. Dengler, B. Rieger, *Angew. Chem., Int. Ed.* **2010**, *49*, 3489-3491, S3489/3481-S3489/3415.

[23] S. Salzinger, U. B. Seemann, A. Plikhta, B. Rieger, *Macromolecules* **2011**, *44*, 5920-5927.

[24] J. Parvole, P. Jannasch, *Macromolecules* **2008**, *41*, 3893-3903.

[25] S. Salzinger, B. S. Soller, A. Plikhta, U. B. Seemann, E. Herdtweck, B. Rieger, *J. Am. Chem. Soc.* **2013**, *135*, 13030-13040.

[26] K. Fuchise, Y. Chen, T. Satoh, T. Kakuchi, *Polym. Chem.* **2013**, *4*, 4278-4291.

[27] Y. Zhang, G. M. Miyake, M. G. John, L. Falivene, L. Caporaso, L. Cavallo, E. Y. X. Chen, *Dalton Transactions* **2012**, *41*, 9119-9134.

[28] Y. Zhang, G. M. Miyake, E. Y. X. Chen, *Angewandte Chemie* **2010**, *122*, 10356-10360.

[29] T. Xu, E. Y. X. Chen, *Journal of the American Chemical Society* **2014**, *136*, 1774-1777.

[30] C.-X. Cai, L. Toupet, C. W. Lehmann, J.-F. Carpentier, *J. Organomet. Chem.* **2003**, *683*, 131-136.

[31] H. Kaneko, H. Nagae, H. Tsurugi, K. Mashima, *J. Am. Chem. Soc.* **2011**, *133*, 19626-19629.

[32] G. Natta, G. Mazzanti, P. Longi, G. Dall'Asta, F. Bernardini, *J. Polym. Sci.* **1961**, *51*, 487-504.

[33] K. Matsuzaki, T. Kanai, T. Matsubara, S. Matsumoto, *Journal of Polymer Science: Polymer Chemistry Edition* **1976**, *14*, 1475-1484.

[34] T. E. Hogen-Esch, C. F. Tien, *J. Polym. Sci., Polym. Lett. Ed.* **1979**, *17*, 431-436.

[35] A. Soum, M. Fontanille, *Die Makromolekulare Chemie* **1980**, *181*, 799-808.

[36] A. Soum, M. Fontanille, *Die Makromolekulare Chemie* **1982**, *183*, 1145-1159.

[37] S. G. Alan, I. G. Karen, in *Activation and Functionalization of C?H Bonds, Vol. 885*, American Chemical Society, **2004**, pp. 1-43.

[38] S. C. Pan, *Beilstein J. Org. Chem.* **2012**, *8*, 1374-1384, No. 1159.

[39] B. A. Arndtsen, R. G. Bergman, T. A. Mobley, T. H. Peterson, *Accounts of Chemical Research* **1995**, *28*, 154-162.

[40] J. A. Labinger, J. E. Bercaw, *Nature* **2002**, *417*, 507-514.

[41] D. Steinborn, *Grundlagen der metallorganischen Komplexkatalyse, Vol. 2*, Vieweg + Teubner, Wiesbaden, **2010**.

[42] R. Waterman, *Organometallics* **2013**, *32*, 7249-7263.

[43] P. L. Watson, *Journal of the American Chemical Society* **1983**, *105*, 6491-6493.

[44] P. L. Watson, *Journal of the Chemical Society, Chemical Communications* **1983**, 276-277.

[45] R. Duchateau, C. T. van Wee, A. Meetsma, J. H. Teuben, *Journal of the American Chemical Society* **1993**, *115*, 4931-4932.

[46] R. Duchateau, C. T. van Wee, J. H. Teuben, *Organometallics* **1996**, *15*, 2291-2302.

[47] R. Duchateau, E. A. C. Brussee, A. Meetsma, J. H. Teuben, *Organometallics* **1997**, *16*, 5506-5516.

[48] B. S. Soller, S. Salzinger, C. Jandl, A. Poethig, B. Rieger, *Organometallics* **2015**, Ahead of Print.

[49] D. K. Dimov, T. E. Hogen-Esch, *Macromolecules* **1995**, *28*, 7394-7400.
[50] Y. E. Shapiro, *Bulletin of Magnetic Resonance* **1985**, *7*, 27-58.
[51] G. Odian, *Principles of Polymerization, Vol. 4*, Wiley Interscience, **2004**.
[52] L. Resconi, L. Abis, G. Franciscono, *Macromolecules* **1992**, *25*, 6814-6817.
[53] M. Brigodiot, H. Cheradame, M. Fontanille, J. P. Vairon, *Polymer* **1976**, *17*, 254-256.
[54] A. Dworak, W. J. Freeman, H. J. Harwood, *Polym J* **1985**, *17*, 351-361.
[55] G. M. Lukovkin, O. P. Komarova, V. P. Torchilin, Y. E. Kirsh, *Vysokomol. Soedin., Ser. A* **1973**, *15*, 443-445.
[56] A. E. Tonelli, *Macromolecules* **1985**, *18*, 2579-2583.
[57] X. Xie, T. E. Hogen-Esch, *Macromolecules* **1996**, *29*, 1746-1752.
[58] M. Kobayashi, S. Okuyama, T. Ishizone, S. Nakahama, *Macromolecules* **1999**, *32*, 6466-6477.
[59] A. Bulai, M. L. Jimeno, A.-A. Alencar de Queiroz, A. Gallardo, J. San Roman, *Macromolecules* **1996**, *29*, 3240-3246.
[60] J.-F. Lutz, D. Neugebauer, K. Matyjaszewski, *J. Am. Chem. Soc.* **2003**, *125*, 6986-6993.
[61] S. Habaue, Y. Isobe, Y. Okamoto, *Tetrahedron* **2002**, *58*, 8205-8209.
[62] W. Liu, T. Nakano, Y. Okamoto, *Polym J* **2000**, *32*, 771-777.
[63] X. Xie, T. E. Hogen-Esch, *Macromolecules* **1996**, *29*, 1746-1752.
[64] E. Y. Tshuva, S. Groysman, I. Goldberg, M. Kol, Z. Goldschmidt, *Organometallics* **2002**, *21*, 662-670.
[65] Y.-L. Wong, C.-Y. Mak, H. S. Kwan, H. K. Lee, *Inorganica Chimica Acta* **2010**, *363*, 1246-1253.
[66] A. I. Kochnev, I. I. Oleynik, I. V. Oleynik, S. S. Ivanchev, G. A. Tolstikov, *Russ. Chem. Bull.* **2007**, *56*, 1125-1129.
[67] A. Amgoune, C. M. Thomas, T. Roisnel, J.-F. Carpentier, *Chemistry* **2005**, *12*, 169-179.
[68] M. Bouyahyi, N. Ajellal, E. Kirillov, C. M. Thomas, J.-F. Carpentier, *Chem. - Eur. J.* **2011**, *17*, 1872-1883, S1872/1871-S1872/1882.
[69] S. Arndt, P. Voth, T. P. Spaniol, J. Okuda, *Organometallics* **2000**, *19*, 4690-4700.
[70] K. C. Hultzsch, P. Voth, K. Beckerle, T. P. Spaniol, J. Okuda, *Organometallics* **2000**, *19*, 228-243.
[71] K. C. Hultzsch, doctoral thesis, Johannes Gutenberg-Universität (Mainz), **1999**.
[72] G. D. Vaughn, K. A. Krein, J. A. Gladysz, *Organometallics* **1986**, *5*, 936-942.
[73] B. S. Soller, S. Salzinger, C. Jandl, A. Pöthig, B. Rieger, *Organometallics* **2015**.
[74] B.-T. Guan, B. Wang, M. Nishiura, Z. Hou, *Angewandte Chemie* **2013**, *125*, 4514-4517.
[75] H. Komber, V. Steinert, B. Voit, *Macromolecules* **2008**, *41*, 2119-2125.
[76] W. R. Mariott, E. Y. X. Chen, *Macromolecules* **2004**, *37*, 4741-4743.
[77] K. C. Hultzsch, P. Voth, K. Beckerle, T. P. Spaniol, J. Okuda, *Organometallics* **2000**, *19*, 228-243.

Printed in the United States
By Bookmasters